Ihre Arbeitshilfen zum Download:

Die folgenden Arbeitshilfen stehen für Sie zum Download bereit:

- Formulare
- Checklisten
- Übersichten

Den Link sowie Ihren Zugangscode finden Sie am Buchende.

Crashkurs Personalplanung

Dieter Gerlach

Crashkurs Personalplanung

Instrumente - Maßnahmen - Kosten

1. Auflage

Haufe Group
Freiburg · München · Stuttgart

Bibliografische Information der Deutschen Nationalbibliothek

Die Deutsche Nationalbibliothek verzeichnet diese Publikation in der Deutschen Nationalbibliografie; detaillierte bibliografische Daten sind im Internet über http://dnb.dnb.de abrufbar.

Print: ISBN 978-3-648-11028-7 Bestell-Nr. 14055-0001
ePub: ISBN 978-3-648-11029-4 Bestell-Nr. 14055-0100
ePDF: ISBN 978-3-648-11030-0 Bestell-Nr. 14055-0150

Dieter Gerlach
Crashkurs Personalplanung
1. Auflage 2018

© 2018 Haufe-Lexware GmbH & Co. KG, Freiburg
www.haufe.de
info@haufe.de
Produktmanagement: Anne Rathgeber

Lektorat: Peter Böke
Satz: Reemers Publishing Services GmbH, Krefeld
Umschlag: RED GmbH, Krailling

Inhaltsverzeichnis

Vorwort

Kein Prozess spielt in der heutigen Zeit eine wichtigere Rolle für die Unternehmensentwicklung und stärkt gleichzeitig die Bedeutung der Personalarbeit als der Prozess der Personalplanung. In einer sich ständig verändernden Arbeitswelt mit ihren großen Herausforderungen ist es für die Unternehmen wichtiger denn je, die erforderliche Anzahl von Mitarbeitern mit den geforderten Qualifikationen zur richtigen Zeit am passenden Ort zu haben. In diesem Zusammenhang gewinnen Themen wie die Arbeitswelt 4.0, die fortschreitende Globalisierung und die demografische Entwicklung, der dadurch entstehende Fachkräftemangel und nicht zuletzt die sich verändernden Anforderungen seitens der Mitarbeiter an Bedeutung.

In diesem Crashkurs erhalten Sie einen differenzierten Einblick in den strategisch wichtigen Prozess der Personalplanung. Im Einzelnen wird aufgezeigt, welches die Grundlagen der Personalplanung sind, wie die wichtigsten Planungsabläufe aussehen, welche Verfahren es gibt, wie sich die Unterschiede zwischen operativer und strategischer Personalplanung darstellen, welche Rolle die Personalkosten und die Personalkennzahlen spielen und mit welcher IT-Unterstützung man den Prozess am besten bewältigen kann. Abschließend richtet sich der Blick in die Zukunft: Wie könnte sich die Personalplanung in den nächsten Jahren entwickeln?

1 Grundlagen der Personalplanung

1.1 Definition und Bedeutung

Jeder Mensch plant. Jedes Unternehmen plant. Aber kann man in der heutigen, immer komplexer werdenden Welt überhaupt planen? Was heißt in der Arbeitswelt und im unternehmerischen Kontext »planen«? Was lässt sich überhaupt planen?

Ist es überhaupt möglich, angesichts der gravierenden Veränderungen am Arbeitsmarkt, aber auch mit kurzfristigen, nicht vorhersehbaren Herausforderungen (Finanzkrise, Naturkatastrophen, Umwelteinflüsse, Veränderungen in der Gesetzgebung, aber ebenso selbst verschuldete Einflüsse wie zum Beispiel die Dieselaffäre oder andere falsche Strategieeinschätzungen) eine kurzfristige oder gar langfristige Planung vorzunehmen? Oder stößt man hier an die Grenzen der Planbarkeit? Nach dem mechanistischen Weltbild kann man planen, nach dem systematischen Weltbild nicht. Warum? Weil die meisten Methoden von Annahmen über vorhandene oder zu beschaffende Informationen ausgehen, die in der praktischen Umsetzung aber oft nicht zur Verfügung stehen. Unsere Welt ist so beschaffen, dass man nicht alles wissen kann, was man wissen müsste, um rational entscheiden zu können. In der Unternehmenspraxis werden dazu Prognoseverfahren eingesetzt, über deren Qualität zu diskutieren ist.

> *Planen heißt nicht, die Zukunft vorhersagen,*
> *sondern auf die Zukunft vorbereitet zu sein.*
> Perikles (griechischer Staatsmann, geboren 490 vor Christus)

> *Planung ersetzt Zufall durch Irrtum.*
> unbekannter Verfasser

Wer auf die Zukunft gut vorbereitet sein will, muss sich die richtigen Fragen stellen:
- Was versteht man unter Personal?
  Personal ist die Gesamtheit aller im Unternehmen beschäftigten Personen (mit Arbeitsvertrag, Ausbildungsvertrag oder in einem ähnlichen Vertragsverhältnis).
- Was ist Planung?
  Planung ist die gedankliche Vorwegnahme von Handlungen, Abläufen oder Entscheidungen und damit ebenfalls die gedankliche Vorwegnahme heutiger und künftiger personeller Maßnahmen.

Die vier Fragen der Personalplanung

Personalplanung soll dafür sorgen, dass kurz-, mittel- und langfristig die im Unternehmen benötigten Arbeitnehmer in der erforderlichen Qualität und Quantität zum richtigen Zeitpunkt, am richtigen Ort unter Berücksichtigung der unternehmenspolitischen Ziele zur Verfügung stehen.[1]

Mithilfe von vier Fragen kann jeder Personalverantwortliche und jeder Personalmitarbeiter seine Personalplanung gestalten:

1. Wer? → Qualität
2. Wie viele? → Quantität
3. Wann? → Zeit
4. Wo? → Ort

Wie man es nicht machen sollte

Im Sommer 2013 stellte die Deutsche Bundesbahn zu ihrem Bedauern fest, dass sowohl Intercity- als auch Regionalzüge nicht über den Bahnhof Mainz fahren konnten bzw., wenn sie fuhren, erst nach stundenlanger Verspätung kamen. Grund dafür war ein personeller Engpass. Von fünfzehn Fahrdienstleitern waren acht gleichzeitig im Urlaub oder krank! Hier hat offenkundig die Personalplanung versagt oder die Verantwortlichen haben nicht miteinander kommuniziert.

Das Beispiel zeigt, dass zwischen den Verantwortlichen (Vorgesetzten) und dem Personalbereich ein ständiger Dialog stattfinden muss, um die beschriebenen Missstände zu vermeiden. Noch zielführender wäre eine permanente Teilnahme des Personalbereichs an den strategischen Prozessen. Dies ist auch deswegen so wichtig, weil es sich bei der Personalplanung um eine **derivative Funktion** handelt. Das bedeutet, sie ist abhängig von der originären Funktion, nämlich der Unternehmensplanung. Dies wiederum bedeutet, dass der Personalbereich ohne die Kenntnis der Unternehmensstrategie und ihrer Maßnahmen nicht tätig werden kann. Auch die Festlegung der Unternehmensplanung ist ohne Kenntnis der jeweiligen Personalsituation nicht zu gestalten. Weitere Faktoren, die in diesem Zusammenhang eine entscheidende Rolle spielen, sind die Kosten des Personals: Wie viel Gehalt will, kann oder muss man für eine bestimmte Position ausgeben? Weitere ausführliche Informationen dazu finden Sie in Kapitel 6. Fragen zur Einbeziehung der Arbeitnehmervertreter werden in Kapitel 1.6 behandelt.

Zusammenfassend lässt sich feststellen, dass die Personalplanung ein wesentliches Element der Personalpolitik eines jeden Unternehmens ist. Um

---

1   Vgl. Gabler Wirtschaftslexikon (2001), Eintrag »Personalplanung«.

langfristig Unternehmensziele erreichen zu können, ist es unabdingbar, den Faktor Mensch viel stärker als bisher in die Betrachtung einer zukünftigen Unternehmensausrichtung einzubeziehen.

1.2   Personalplanung als Teil der Unternehmensstrategie

Wie in Kapitel 1.1 festgestellt, handelt es sich bei der Personalplanung um eine **derivative Funktion**. Wenn man sich die Planungsstruktur in einem Unternehmen genauer ansieht, zeigt sich, dass die Personalplanung im Mittelpunkt steht (siehe Abb. 1).

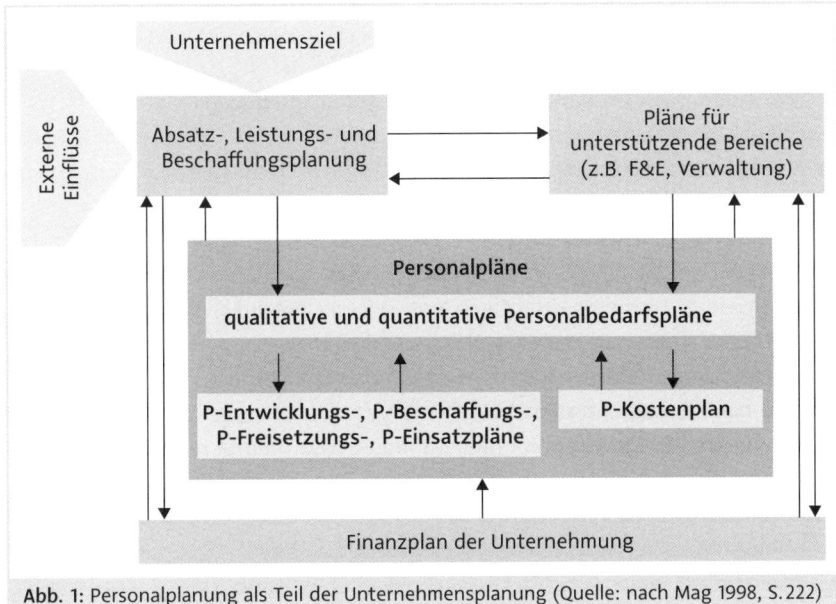

Abb. 1: Personalplanung als Teil der Unternehmensplanung (Quelle: nach Mag 1998, S. 222)

Neben den originären Planungen wie Absatzplanung, Produktionsplanung oder Umsatzplanung sehen Sie in Abb. 1 weitere derivative Planungen wie Forschung und Entwicklung oder die Verwaltungsplanung (hier insbesondere die IT-Planung). Alle aufgeführten Planungen stehen aber unter dem Primat des Finanzplanes.

Der Finanzplan
Der Finanzplan entsteht aus der operativen Unternehmensplanung, die im Normalfall eine Jahresplanung ist. Ohne Kapitel 1.8 vorzugreifen, bleibt

festzuhalten, dass die operative Unternehmensplanung aus der strategischen Unternehmensplanung hervorgeht. Die strategische Unternehmensplanung wiederum ist das Produkt der Unternehmensstrategie.

Schon in Kapitel 1.1 wurde ausgeführt, dass die Entwicklung einer neuen oder angepassten Unternehmensstrategie nicht ohne rechtzeitige Einbeziehung des Personalbereiches vonstattengehen sollte. Viele wichtige Komponenten können nicht ohne die Expertise von Personalfachleuten festgelegt werden, die sich unter anderem mit folgenden Fragen befassen:

- Werden durch die geplante Maßnahme Mitbestimmungsrechte des Betriebsrats berührt?
- Wird der Betriebsrat zustimmen?
- Wie ist die Situation hinsichtlich der Personalkosten?
- Passen die Kosten in den Finanzplan?
- Sind Qualifizierungsmaßnahmen erforderlich?
- Mit welchen Methoden sollen die Mitarbeiter qualifiziert werden?
- Wie ist die Mitarbeitersituation?
- Können die Mitarbeiter entsprechend eingesetzt werden?

In diesem Zusammenhang müssen viele weitere Fragen beantwortet werden, wie zum Beispiel:

- Wie viele Mitarbeiter benötigen wir, um die Produktivität aufrechtzuerhalten?
- Welche Qualifikationsmaßnahmen sind erforderlich?
- Sind neue Qualifikationen nötig?
- An welchen Standorten können wir am besten Talente rekrutieren?
- Wie ist die Situation der Arbeitskosten an den jeweiligen Standorten?
- Können wir rechtzeitig Mitarbeiter versetzen oder neu rekrutieren?
- Können Mitarbeiter anderweitig eingesetzt werden?
- Wie ist die Arbeitsplatzsituation am jeweiligen Standort?
- Wie können wir erfolgreich mit der Arbeitnehmerseite zu einem gemeinsamen Ziel kommen?

Diese und viele weitere Fragen müssen bei einer strategischen Neuausrichtung des Unternehmens berücksichtigt werden. Sie machen gleichzeitig deutlich, wie eng der **Zusammenhang zwischen Unternehmensstrategie und Personalplanung** sein muss, damit ein Unternehmen auch in Zukunft erfolgreich sein kann.

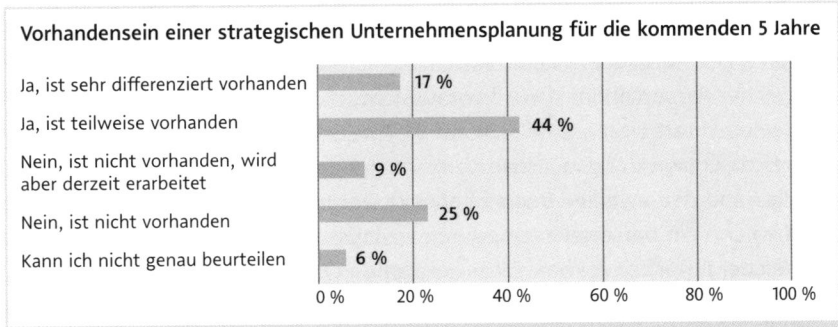

Abb. 2: Vorhandensein einer strategischen Unternehmensplanung für die kommenden fünf Jahre (Quelle: Studie Personalplanung 2009, S. 8)

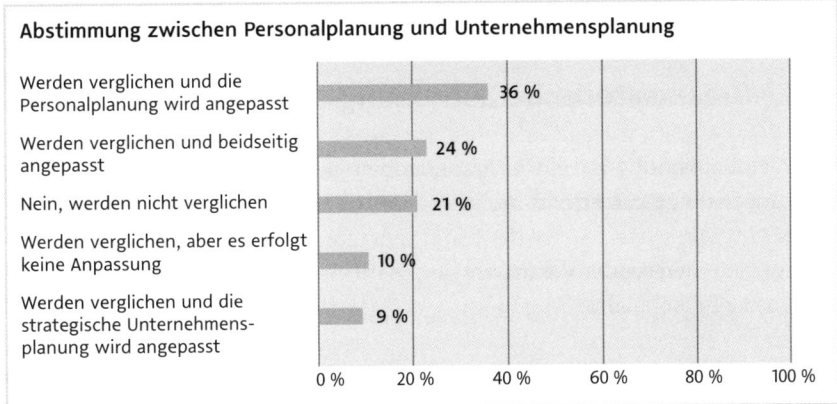

Abb. 3: Abstimmung zwischen Personalplanung und Unternehmensplanung (Quelle: Studie Personalplanung 2009, S. 9)

1.3 Ziele und Aufgabenstellung der Personalplanung

Das Ziel der Personalplanung ist es, dass die in der Unternehmensstrategie bzw. der Unternehmensplanung vereinbarten Ziele in Bezug auf die personellen Erfordernisse erreicht werden können. Sie muss sicherstellen, dass das erforderliche Personal sowohl qualitativ als auch quantitativ zum richtigen Zeitpunkt am richtigen Ort vorhanden ist. Neben der Leistungssicherstellung gehört dazu auch das Ziel der Personalkostenminimierung. Die Leistung soll also zu einem günstigen Preis bereitgestellt werden. Darüber hinaus muss die Personalplanung auch nicht geplante und damit meistens teure Maßnahmen verhindern. Sie sollte durch den Einsatz geeigneter Mitarbeiter verdeutlichen, dass transparente Maßnahmen sowohl für die Mitarbeiter als auch für das Unternehmen vorteilhaft sind. Dieses Vorgehen trägt auch dazu bei, die Motivation und Bindung der Mitarbeiter zu ihrem Unternehmen zu verbessern.

In der personellen Teilplanung ergeben sich weitere Aufgaben, die sich in folgende Fragen aufgliedern lassen:

- Welcher Personalbedarf wird voraussichtlich entstehen?
- Welche Mitarbeiter lassen sich auf welche Stellen einsetzen?
- Welche Entwicklungsmaßnahmen sind erforderlich?
- Wie kann der jeweilige Bedarf gedeckt werden?
- Wie kann ein personeller Überhang sozialverträglich abgebaut werden?
- Welcher Mitarbeiter kommt für die Stelle in Frage?
- Können Mitarbeiter auch auf verschiedenen Stellen eingesetzt werden?
- Auf welchem Weg wird bzw. kann der Bedarf gedeckt werden?
- Auf welche kostengünstige Weise können alle diese Prozesse durchgeführt werden?

1.4   Organisatorische Zuordnung

Die Personalplanung ist ein Aufgabengebiet der Personalabteilung. Dies ist aber nur bedingt zutreffend. Aufgrund der unternehmensweiten Bedeutung dieser Aufgabe muss man sie der Unternehmensplanung zuordnen. Damit unterliegt sie teilweise der Verantwortung der Unternehmensleitung. Was heißt das für die Personalabteilung?

Thomas Sattelberger (von 2007-2012 Personalvorstand der Deutschen Telekom) hat einmal gesagt, dass es sich bei der Verantwortung für die strategische Personalplanung um die »Mutter aller Schlachten« handelt. Es sei unbedingt erforderlich, dass der Personalbereich der *Process owner* ist, also derjenige sein muss, der den Prozess steuert und hinsichtlich der Vorgehensweise und der Instrumente die Verantwortung übernimmt. Aber wie bereits deutlich wurde, muss es sich bei diesem Prozess um ein mit den Vorgesetzten und der Geschäftsleitung kommuniziertes, transparentes und abgestimmtes Vorgehen handeln.

Die Frage, wo der Prozess der Personalplanung organisatorisch angesiedelt ist, wird unterschiedlich beantwortet. Er kann entweder bei der Leitung direkt angesiedelt sein, er kann bei der Personalentwicklung integriert werden oder er wird gemeinsam mit dem Personalcontrolling in einem Bereich – Personalsteuerung – zusammengefasst. Jede dieser Lösungen hat Vor- und Nachteile. Entscheidend ist jedoch, dass auch in der Personalabteilung jeder Bereich entsprechend seiner Aufgaben in diesen Prozess integriert wird und die dazugehörigen Aufgaben adäquat abgewickelt werden. Die Wichtigkeit dieser Aufgabe und damit die Bedeutung für die Personalabteilung ist zu groß, um durch Kompetenzstreitigkeiten die Qualität zu vernachlässigen oder gar zu verschlechtern.

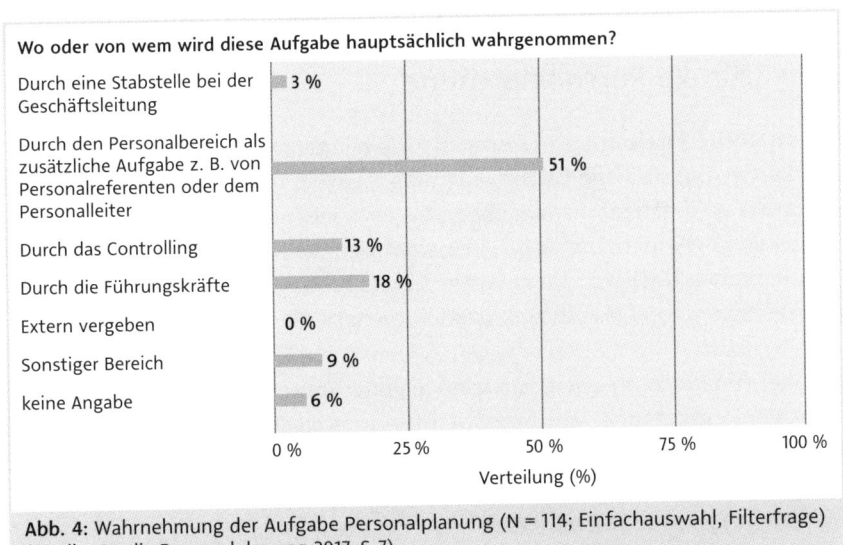

Wo oder von wem wird diese Aufgabe hauptsächlich wahrgenommen?

Abb. 4: Wahrnehmung der Aufgabe Personalplanung (N = 114; Einfachauswahl, Filterfrage) (Quelle: Studie Personalplanung 2017, S. 7)

1.5 Personalplanung und Personalcontrolling – eine Abgrenzung

Inwieweit unterscheiden sich Personalplanung und Personalcontrolling und wo sind die Gemeinsamkeiten? Beide Funktionen sind wesentliche Faktoren in der Entwicklung des Faktors Personal. Beide haben das gleiche Ziel. Sie wollen das Personalmanagement bei ihren Vorhaben unterstützen. Die Personalplanung verantwortet den Prozess, die Mitarbeiter in der erforderlichen Qualität und Menge zum entscheidenden Zeitpunkt am richtigen Ort zu haben. Das Personalcontrolling ist verantwortlich dafür, die Entscheider mit den wichtigen Informationen zur Menge und zum Preis zu versorgen. Das Berichtwesen ist für die Vorgesetzten ein unverzichtbarer Teil für die Entscheidungsfindung.

Im Zusammenwirken von Personalplanung und Personalcontrolling gibt es mehr als nur eine Schnittstelle. In der beschriebenen Verantwortung wird seitens der Personalplanung die Umsetzung der erforderlichen Schritte geplant, während das Personalcontrolling eingeschaltet wird, um die wesentlichen Informationen bezüglich der Menge und der Kosten zu liefern. Zusammengefasst macht es sehr viel Sinn, beide Funktionen unter einer Verantwortung zusammenzufassen.

Personalplanung und Personalcontrolling in eine Hand zu legen, heißt für das Management, eine schlanke und transparente Vorgehensweise in einem strategisch wichtigen Prozess zu gewährleisten.

1.6 Rechtlicher Handlungsrahmen für die Personalplanung

Im Betriebsverfassungsgesetz ist eindeutig festgelegt, dass das Unternehmen den Betriebsrat über die Personalplanung, insbesondere über den gegenwärtigen und zukünftigen Personalbedarf einschließlich der geplanten Beschäftigung von Personen, die nicht in einem Arbeitsverhältnis zum Unternehmen stehen, sowie über Maßnahmen der Berufsbildung anhand von Unterlagen rechtzeitig und umfassend zu unterrichten hat (§ 92 Abs. 1 BetrVG).

Darüber hinaus kann der Betriebsrat eigene Vorschläge für die Einführung einer Personalplanung und ihre Durchführung machen (§ 92 Abs. 2 BetrVG). Diese Vorschläge müssen vom Unternehmen allerdings nicht aufgegriffen werden. Kein Mitspracherecht hat der Betriebsrat bei Personalmaßnahmen, die leitende Angestellte betreffen.

Der Informationspflicht wird durch die Übergabe von allen relevanten Unterlagen und Informationen nachgekommen. Diese muss rechtzeitig, also so frühzeitig erfolgen, dass der Betriebsrat ausreichend Zeit hat, die vorgesehenen Maßnahmen zu beraten und gegebenenfalls eigene Vorschläge zu machen. In diesem Zusammenhang sind insbesondere die zu erwartenden sozialen und personellen Auswirkungen der Unternehmensplanung mit dem Betriebsrat zu erörtern. Dazu gehören auch personalpolitische Überlegungen im Vorfeld einer Rationalisierungsmaßnahme, Fragen des Personalersatzbedarfs, Qualifizierungsmaßnahmen für bestimmte Arbeitnehmergruppen und die Nachwuchsplanung. Das Ziel dieser Gespräche sollte sein, dass die Personalplanung als elementarer Bestandteil der Unternehmensplanung etabliert wird.

Weiterhin ist es erforderlich, auch über die technischen Hilfsmittel (IT) und die Instrumente der Personalplanung zu informieren. Dazu gehören zum Beispiel Stellenbeschreibungen, Anforderungsprofile, Stellenpläne und Stellenbesetzungspläne. Des Weiteren: Personalplanungswerke und die dazugehörige Personalkostenplanung, Einsatzzeiten von Mitarbeitern, Unterlagen zu Rationalisierungsmaßnahmen, Personalprognosen, Personalstatistiken und Analysen der Personalstruktur (Alter, Geschlecht, Schwerbehinderte, Ausländer usw.).

Auch hinsichtlich der Anwendung von Instrumenten der Personalplanung gibt es für den Betriebsrat Beteiligungsrechte, die entsprechend im Betriebsverfassungsgesetz festgelegt sind. So kann bei freigewordenen Stellen (für nicht leitende Angestellte) eine interne Ausschreibung verlangt werden. Der Betriebsrat hat hinsichtlich Form und Inhalt der Stellenbeschreibung kein

Mitbestimmungsrecht. Auch bei den Anforderungsprofilen gibt es keine Einflussmöglichkeit.

Es hat sich in der Praxis bewährt, bei der Durchführung der Personalplanung, insbesondere aber bei einer Einführung der Personalplanung, den Betriebsrat rechtzeitig und umfassend einzubeziehen.

Das Ziel des Betriebsverfassungsgesetzes ist es, den Betriebsrat bei personellen Maßnahmen wie Einstellungen, Versetzungen oder Kündigungen zu beteiligen. Der Umfang beinhaltet neben den Stellenbeschreibungen und Anforderungsprofilen auch eine regelmäßige Vorlage des Stellenplans sowie des Stellenbesetzungsplans (monatlich), die Unterrichtung über Methoden der Planung und den dazu eingesetzten organisatorischen und technischen Hilfsmitteln sowie über Personalinformationssysteme, Arbeitszeitsysteme und Ähnliches.

1.7 Bedeutung der Personalplanung für Arbeitgeber, Arbeitnehmer und die Öffentlichkeit

Die Bedeutung der Personalplanung für die jeweiligen Interessengruppen weist neben den natürlichen Unterschieden auch Gemeinsamkeiten auf.

Interessen der Arbeitgeber

Das Interesse der Arbeitgeberseite an der Personalplanung beruht vorrangig auf dem wirtschaftlichen Erfolg. Hierbei geht es in erster Linie um die Sicherung der Wettbewerbsfähigkeit und damit einhergehend um die Gewinnung der dazu erforderlichen Mitarbeiter bzw. um die Sicherung der vorhandenen Arbeitsplätze. Erforderliche Personalmaßnahmen (Personalbeschaffung oder Personalfreisetzung) können durch eine rechtzeitige Planung frühzeitig in die Wege geleitet werden, eine Freisetzung lässt sich so gegebenenfalls sogar vermeiden. Sowohl in der Personalentwicklung als auch in der Personaleinsatzplanung werden Erfordernisse deutlich, die dadurch rechtzeitig angegangen werden können. Nicht zu vermeidender Personalabbau lässt sich frühzeitig erkennen. Die durch das Arbeitsrecht erforderlichen Schritte können rechtzeitig unternommen werden und erlauben so gegebenenfalls eine überdurchschnittliche Einsparung von Personalkosten. Es muss dafür gewährleistet sein, dass die Qualifizierung (auch Qualität) der Mitarbeiter in der geforderten Menge zur richtigen Zeit am richtigen Ort zur Verfügung steht. Darüber hinaus geht es den Unternehmen um die Größenordnung der Personalkosten. Sie darf einerseits die Situation des Unternehmens am Markt nicht beeinträchtigen und andererseits die Motivation der Mitarbeiter nicht untergraben. Eine marktgerechte Bezahlung fördert die Motivation der Belegschaft und hilft so den Firmen, ihre Unternehmensziele zu erreichen.

Ein eignungsgerechter Einsatz sowie eine Verbesserung des Qualifikationsniveaus können im Ernstfall dafür sorgen, dass auch hier Personalkosten gespart werden können.

Ein weiterer nicht zu unterschätzender Vorteil einer vernünftigen Personalplanung ist die Vermeidung von hohen Rekrutierungskosten. Die Suche nach qualifizierten Fachkräften am Markt, häufig unter zeitlichem Druck und begrenzt auf eine bestimmte Region, kann zu einer erheblichen Kostensteigerung führen. Der Wettbewerb um Spezialisten verschärft diese Situation ebenfalls.

Ein weiteres Interesse des Arbeitgebers richtet sich auf sein Image als Arbeitgeber am Markt. Es sollte im Hinblick auf die Gesamtsituation der Nachwuchskräfte in den nächsten Jahren nicht vernachlässigt werden.

Interessen der Arbeitnehmer
Die Interessen der Arbeitnehmer haben naturgemäß einen anderen Schwerpunkt. Es geht ihnen in erster Linie um die Sicherung des einzelnen Arbeitsplatzes. Jeder Beschäftigte will sichergestellt wissen, dass sein Arbeitsplatz und damit seine Existenzgrundlage für die nächsten Jahre erhalten bleiben. Auch hier wirkt die frühzeitige Personalplanung positiv. Die Mitarbeiter können rechtzeitig erkennen, in welcher Form ihr Bereich in der Planung berücksichtigt ist und welche Möglichkeiten sich für sie selber ergeben. Sie sehen so, welche Entwicklungswege und Karrierechancen sich ihnen bieten. Durch eine derartige Planung erreicht das Unternehmen die Transparenz, die die Mitarbeiter erwarten. Das gilt auch, wenn sich herausstellen sollte, dass es zu einem Personalabbau, zu Umstrukturierungen oder zu Verlagerungen von Betriebsbereichen kommt.

Daneben erwartet der Mitarbeiter eine angemessene Bezahlung, eine seinen Fähigkeiten entsprechende Tätigkeit, humane Arbeitsbedingungen, Möglichkeiten zur weiteren Qualifizierung und die Vereinbarkeit von Familie und Beruf.

Interessen der Gesellschaft
Auch die Gesellschaft hat großes Interesse an einer vorausschauenden Personalplanung der Unternehmen, die über die Beachtung der gesetzlichen Vorschriften hinausgeht. Vielmehr erwarten die jeweils regierenden Kräfte, dass die Unternehmen eine langfristige Personalplanung betreiben, um die Sicherheit zu

gewährleisten, dass der Staat nicht mit Belastungen für die öffentlichen Haushalte überrascht wird, die in den jeweiligen Haushaltsplänen nicht berücksichtigt worden sind. Diese Belastungen können regional bei Verlagerungen von Betrieben oder Betriebsbereichen entstehen oder auch bundesweit bei Abbaumaßnahmen von großen Konzernen. Die daraus entstehenden Kosten finden sich nicht nur in den Budgets der Bundesagentur für Arbeit, sie können auch für Löcher in der Rentenkasse sorgen. Durch eine zukunftsweisende Personalplanung kann auch hier vorsorglich geplant werden, um hohe Kosten für die öffentlichen Kassen zu vermeiden.

Aber es geht der Gesellschaft auch um geregelte Beziehungen zwischen den Interessengruppen. Konflikte, die dem Wirtschaftsstandort Deutschland schaden, sollten vermieden werden. Nicht zu vergessen ist auch der vom Staat immer wieder angemahnte Schutz benachteiligter Arbeitnehmergruppen. So werden regelmäßig Zahlen über die Beschäftigung behinderter Menschen veröffentlicht, die verdeutlichen, dass auf diesem Gebiet noch viel zu tun ist.

1.8   Prozess der Personalplanung

Nach der Festlegung einer Strategie und der Unternehmensziele beginnt in der Regel der Prozess der Unternehmensplanung und – daraus abgeleitet – der Prozess der Personalplanung. Die Rahmenbedingungen stehen fest und damit auch der Spielraum, in dem sich die Verantwortlichen bewegen können. Die erforderliche Transparenz dieser Prozesse verdeutlicht den Mitwirkenden, was es zu erreichen gilt und welche Mittel zur Verfügung stehen.

Der Kernprozess eines Unternehmens ist die **Finanzplanung**. Mit ihr steht und fällt die gesamte Unternehmensstrategie. Aus ihr ergeben sich die Kriterien (Leitplanken) für die sogenannten derivativen Planungen. Dies sind neben der Personalplanung unter anderem die Beschaffungsplanung, die Absatzplanung oder die anderen Planungen der Verwaltung wie zum Beispiel die Raum- oder IT-Planung (vgl. Abb. 1).

Durch die wechselseitige Abhängigkeit ist es gerade für den Personalplaner sehr schwierig, zum richtigen Zeitpunkt zu reagieren. Deswegen ist es erforderlich, den Gesamtplanungsprozess effizient zu koordinieren. Vielfach übernimmt der Personalplaner diese Funktion.

In Abstimmung mit den Geschäftsbereichen ist nun auf Basis der aktuellen Ist-Situation zu klären, ob weitere Mitarbeiter benötigt werden oder gegebenenfalls zu viele Mitarbeiter im Bereich tätig sind. Im ersten Fall muss geklärt werden, wie viele Beschäftigte benötigt werden, welche Qualifikationen erforderlich sind und zu welchem Zeitpunkt Neueinstellungen zur Verfügung stehen müssen. Im zweiten Fall geht es um einen Personalabbau, der auf verschiedene Weise gelöst werden kann. Vorrangig ist die Option einer Weiterqualifizierung für einen anderen Arbeitsplatz, weitere Lösungen sind altersbedingtes Ausscheiden oder das Anbieten eines Outplacements. Als letzte Lösung bleibt eine mit der Arbeitnehmervertretung zu verhandelnde betriebsbedingte Kündigung.

In den folgenden Abschnitten lernen Sie weitere Details zum Planungsprozess kennen.

Neben der kurzfristigen operativen Planung gibt es die **strategische Planung**. Sie ist mittel- bis langfristig angelegt und beinhaltet für den Personalplaner schwerpunktmäßig Weiterentwicklungsmaßnahmen und Qualifikationsschritte.

Die folgende Übersicht zeigt das Verfahren der Personalplanung.

Das Verfahren der Personalplanung	
1.	Festlegung der Rahmenvorgabe durch die Geschäftsführung
2.	Information der Geschäfts- und Verwaltungsbereiche
3.	Detailvorgaben für jeden Bereich
4.	Umsetzung der Vorgaben durch den Bereich
5.	Abstimmung der Bereiche mit den Querschnittfunktionen (Personal, IT, Raum usw.)
6.	Verabschiedung der Planung im Bereich
7.	Konsolidierung der Planungen durch den Finanz- bzw. Controllingbereich
8.	Genehmigung der Planungen durch die Geschäftsleitung

Das vorgestellte Verfahren der Personalplanung ist ein **Gegenstrom-Ansatz**. Er hat den Vorteil, dass die Basis, also die einzelnen Bereiche, sich nach der Vorgabe der Leitlinie an der Planung beteiligen kann. Darüber hinaus gibt es den **Top-down-Ansatz**, der gemäß der Hierarchie die Planung vorgibt. Der Nachteil ist die mangelnde Beteiligung der Basis und somit eine möglicherweise geringe Akzeptanz. Eine weitere Möglichkeit ist der **Bottom-up-Ansatz**, der eine Planung, die von der Basis ausgeht, vorsieht. Hier ist die Akzeptanz groß, jedoch gibt es naturgemäß Probleme in der Konsolidierung aller Bereiche. Daher ist der gewählte Gegenstrom-Ansatz in der Praxis am stärksten verbreitet.

1.9   Einflussfaktoren auf die Personalplanung

Um der Personalplanung gerecht zu werden, muss man zunächst zwei Einflussfaktoren unterscheiden: externe und interne Faktoren.

1. Bei den **externen Faktoren** spielen in erster Linie die Konjunktur, die Marktsituation, die Konkurrenz, der technische Fortschritt und der gesellschaftliche Einfluss eine Rolle. In welche Richtung entwickelt sich die Wirtschaftspolitik? Welche Auswirkungen hat die Tarifpolitik? Wie sieht der gesellschaftliche Fortschritt aus? Gibt es daraus abgeleitet Entwicklungen, die den Arbeitsmarkt beeinflussen?

2. Die **internen Faktoren** sind die strategische Linie, die Zielsetzung des Unternehmens, die Methoden (Produktion, Absatz, Handel usw.), die internen Prozesse, die Organisationsstruktur, das Einvernehmen mit der Arbeitnehmerseite, die Motivation der Mitarbeiter (Bezahlung, Arbeitsumfeld) sowie die Fluktuation und die Fehlzeiten.

Ebenso muss die Frage nach dem Leistungsprogramm der Personalplanung gestellt werden. Wie sind Art und Umfang, wie ist der Qualitätsanspruch, wie ist die Kundenstruktur und welche Termine sind gegeben?

Alle diese Faktoren beeinflussen sowohl die Qualifizierung und die Quantität als auch die zeitlichen und räumlichen Komponenten in der Personalplanung.

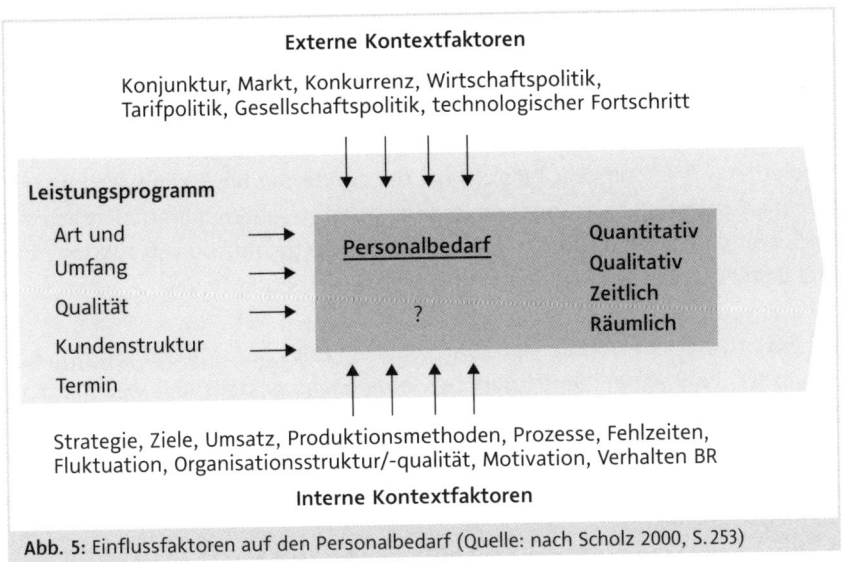

Abb. 5: Einflussfaktoren auf den Personalbedarf (Quelle: nach Scholz 2000, S. 253)

1.10 Demografische Entwicklung

Was heißt »Demografie«? Das Wort stammt aus dem Altgriechischen und bedeutet Volk (»démos«) und Schrift bzw. Beschreibung (»graphé«). Es beschäftigt sich also mit der Bevölkerungswissenschaft.[2]

Der demografische Wandel bezieht sich auf folgende Veränderungen:
- die Altersstruktur der Bevölkerung
- das zahlenmäßige Verhältnis zwischen Männern und Frauen
- die Anteile von Inländern, Ausländern und Eingebürgerten in der Bevölkerung
- die Entwicklung der Geburten- und Sterbezahlen
- die Entwicklung der Wanderungsbilanz (Migranten/Emigranten)

Die folgenden demografischen Fakten beschreiben die Situation in Deutschland:
- Seit 1972 ist die Sterberate höher als die Geburtenrate.
- Durch die höhere Lebenserwartung der Bevölkerung bei gleichzeitig rückläufiger Geburtenrate steigt der Anteil älterer Menschen gegenüber den Jüngeren.
- Die Zuzugsrate durch Migration ist in den letzten Jahrzehnten ständig gesunken. Die Zuwanderung war aber immer größer als die Abwanderung. Durch die massive Zuwanderung ab 2015 hat sich der Effekt der Verjüngung der Bevölkerung weiter fortgesetzt. Er ist aber nicht so stark, dass er die Alterung der Gesamtbevölkerung kompensieren kann.

Durch die Zuwanderung der letzten drei Jahre ist entgegen allen bisherigen Studien eine Trendumkehr hinsichtlich der Größe der Bevölkerung zu erwarten: Die Gesamtbevölkerung wird in den nächsten Jahren, voraussichtlich bis 2035, weiter wachsen. Dieser demografische Faktor muss in der Wirtschaft und damit auch in der Personalpolitik Berücksichtigung finden.

Die Initiative »Neue Soziale Marktwirtschaft« (2016) hat zehn Fakten zum demografischen Wandel identifiziert sowie die Frage gestellt, mit welchen Folgen wir rechnen müssen?
1. Deutschland wächst wieder. Es ist davon auszugehen, dass die Bevölkerungsgröße 2035 bei 83 Millionen Einwohnern liegt. Das sind 1,7 Millionen Menschen mehr als heute.
2. Die Lebenserwartung steigt. Aufgrund der verbesserten medizinischen Versorgung, der Hygiene, der Ernährung und der Wohnsituation sowie den

---

2   Vgl. Wikipedia, Eintrag »Demografie«.

verbesserten Arbeitsbedingungen und dem gestiegenen Wohlstand werden heute neugeborene Kinder im Schnitt doppelt so alt wie bei einer ersten Erhebung im Zeitraum zwischen 1871 und 1881.

3. Die Gesellschaft altert. Im Jahr 1970 war jeder neunte Einwohner 67 und älter, heute ist es knapp jeder fünfte und 2035 wird es jeder vierte sein. Insbesondere in strukturschwachen und ländlichen Regionen ist der Anteil älterer Menschen besonders hoch.

4. Erwerbsfähige müssen für mehr Rentner aufkommen. Dieses Verhältnis wird sich bis 2035 weiter gravierend verschieben. Die folgenden Gründe sind dafür ausschlaggebend: Die Geburtenrate liegt seit Jahren bei 1,4 Kinder pro Frau. Die Lebenserwartung ist deutlich gestiegen. In den kommenden Jahren geht die Babyboomer-Generation der Jahrgänge 1955 bis 1969 in Rente. Schon 2035 kommen auf jeden Rentner nur noch zwei Erwerbstätige, die dessen Altersversorgung sichern müssen. Heute liegt das Verhältnis noch bei knapp drei Erwerbstätigen pro Rentner. Durch die neuerliche Zuwanderungswelle ändert sich an diesem Verhältnis nichts.

5. Die Rentenbezugsdauer erhöht sich. Die Lebenserwartung ist in den letzten Jahren schneller gestiegen als das tatsächliche Renteneintrittsalter. Dieses hat sich in den vergangenen Jahren kaum verändert. Es liegt seit 2014 bei 61,9 Jahren. Dadurch hat sich die durchschnittliche Rentenbezugsdauer in den letzten 50 Jahren um ca. 90% erhöht. 1960 belief sie sich auf ungefähr 10 Jahre, heute sind es im Schnitt 19 Jahre.

6. Der demografische Wandel kostet. Die steigende Zahl der Rentner bei abnehmender Anzahl Erwerbstätiger gefährdet die Finanzierung der öffentlichen Sozialversicherungen. Die Prognos AG hat für das Jahr 2040 ein Defizit der öffentlichen Haushalte in Höhe von 144 Milliarden Euro vorausberechnet (bei gleichbleibendem Niveau und gleichen Bedingungen). Die größte Lücke entsteht demnach bei der Rentenversicherung in Höhe von 83 Milliarden Euro.

7. Der Fachkräfteengpass wird immer gravierender. Bis 2035 werden vier Millionen Arbeitskräfte fehlen. 2,7 Millionen mit Berufsabschluss und 1,1 Millionen Akademiker. Bereits Ende 2016 mangelte es in den MINT-Bereichen (Mathematik, Informatik, Naturwissenschaften und Technik) an rund 200.000 Spezialisten. Das Institut der deutschen Wirtschaft in Köln schätzt, dass sich der Engpass in den MINT-Bereichen bis zum Jahr 2025 noch deutlich vergrößern dürfte, da die Zahl der ausscheidenden Spezialisten nicht durch die jährlichen Absolventen ersetzt werden können.

8. 63 Jahre sind zu jung für die Rente. Die Erwerbsquote Älterer (55- bis 64-Jährige) ist von 37% im Jahr 2000 auf 66% im Jahr 2014 gestiegen. Diese Tendenz sollte sich fortsetzen. Bereits im Jahr 2020 werden 40% der erwerbsfähigen Menschen über 50 Jahre sein. Diese Entwicklung entspricht im Allgemeinen auch dem Wunsch der Arbeitnehmer.

9. Die Vereinbarkeit von Familie und Beruf hat noch Potenzial. Vor dem Hintergrund des demografischen Wandels wird jede Arbeitskraft gebraucht, vor allem auch gut ausgebildete Eltern. Die Erwerbstätigkeitsquote der Frauen ist zwar in den vergangenen Jahren kontinuierlich gestiegen. Dies ändert aber nichts an der Tatsache, dass seitens der Gesellschaft, was die Themen Kinderbetreuung und Pflege von Angehörigen angeht, noch erheblicher Nachholbedarf besteht.

10. Die Migration sichert Deutschlands Zukunft. Um die Einwohnerzahl Deutschlands auf dem jetzigen Stand zu halten, müssten bis 2035 netto mehr als sieben Millionen zuwandern. Das hat mit der derzeitigen Asylpolitik, die eine humanitäre Aufgabe ist, nichts zu tun. Es geht um die gezielte Einwanderung von gut ausgebildeten Fachkräften.

Welche Faktoren beeinflussen die Arbeitswelt von morgen?

Die Arbeitswelt der Zukunft wird insbesondere durch die folgenden sieben Faktoren bestimmt:

1. Das Ausscheiden von erfahrenen Mitarbeitern, die ihr Wissen mit in den Ruhestand nehmen.
2. Eine Verlängerung der Arbeitsjahre oder eine Erhöhung des Renteneintrittsalters.
3. Durch die immer stärkere Technisierung der Prozesse und Abläufe werden Minderqualifizierte nicht mehr im heutigen Ausmaß benötigt.
4. Neue Schwerpunktsetzung in der Qualifizierung. Dabei geht es nicht nur um Nachwuchskräfte, sondern auch um die älteren Arbeitnehmer.
5. Neue Bedeutung des Wissens. Die Halbwertzeit des Wissens wird immer kürzer. Gleichzeitig muss das erworbene, noch gültige Wissen der Älteren für alle zugänglich gemacht werden.
6. Die Arbeitsprozesse müssen die Stärken und Schwächen der älteren Arbeitnehmer berücksichtigen.
7. Die Wichtigkeit der internen Weiterqualifizierung wächst, da aufgrund der demografischen Situation die Rekrutierung am Markt schwieriger und teurer wird.

Die wesentlichen Konsequenzen, die sich daraus ergeben, sind:

- höhere Investitionen in Technisierung und vor allem in Bildung
- Erhöhung der Erwerbsquoten älterer Arbeitnehmer
- Verbesserung der Bedingungen für höhere Erwerbsquoten der Frauen
- Förderung der Integration und Migration

Die dargestellten Folgen der demografischen Entwicklung, ihre Auswirkungen auf die Arbeitswelt, müssen sich in einer **angepassten Personalstrategie** wiederfinden. Eine langfristige Ausrichtung ist nötig, um die Folgen für das jeweilige Unternehmen abzumildern bzw. die Leistungsfähigkeit aufrechtzu-erhalten.

Hierzu ein Beispiel für mögliche personalwirtschaftliche Handlungsfelder zur aktiven Steuerung demografischer Entwicklungen:
1. Personalrisikomanagement
2. Personalkosten
3. Rekrutierung
4. Personalentwicklung/Qualifizierung
5. Rahmenbedingungen für die Personalarbeit
6. Gesundheitsmanagement

Zu jedem dieser personalwirtschaftlichen Handlungsfelder sollten ein bis zwei Maßnahmen entwickelt werden, zum Beispiel:
1. Veränderungsfähigkeit bzw. -bereitschaft älterer Mitarbeiter fördern so-wie Entwicklung von Maßnahmen zur Know-how-Sicherung
2. Abbau von Senioritätsprinzipien in der Bezahlung sowie weiterer Ausbau der Eigenvorsorge in der Alterssicherung
3. Überprüfung der Investitionen im Nachwuchsbereich und Stärkung des Arbeitgeberimages am Markt
4. Fokus der Qualifizierung stärker auf ältere Mitarbeiter ausrichten und An-reizsysteme für lebenslanges Lernen schaffen
5. Fokus auf die Kenngröße »Alter« richten und altersübergreifende Zusam-menarbeit fördern
6. Verstärkung der Präventionsmaßnahmen im Gesundheitsmanagement so-wie Sensibilisierung der Führungskräfte für dieses Thema

In diesem Zusammenhang ist es darüber hinaus wichtig, im Reporting die rich-tigen Kennzahlen zur Verfügung zu stellen. So bieten sich zum Beispiel die folgenden Kennzahlen an:
- Altersstruktur (Anzahl bestimmter Altersgruppen zu den Gesamtbeschäf-tigten)
- Durchschnittsalter der Beschäftigten (ebenfalls je Abteilung oder Gruppe)
- Durchschnittsalter beim Ausscheiden aus dem Unternehmen (ebenfalls pro Abteilung oder Gruppe)
- Anzahl der älteren Mitarbeiter (ab 50 Jahre) zur Gesamtbelegschaft
- Mitarbeiterproduktivität (Umsatz pro Mitarbeiter)
- Fluktuationsziffer (ebenfalls heruntergebrochen sowie unterteilt nach *ge-wollt* oder *ungewollt*)
- Kosten für Rekrutierung (Kosten aller Maßnahmen)
- Kosten für Wissenstransfer (Kosten für alle erforderlichen Programme)
- Krankheitskosten (Kosten pro Fehlzeittag)

- Fehlzeitenquote (Fehlzeiten im Verhältnis zur Gesamtsollzeit)
- Krankheitsdauer pro Mitarbeiter im Durchschnitt
- Anzahl der Langzeitkranken

1.11 Problemfelder in der Personalplanung

Im Personalplanungsprozess treten insbesondere die folgenden Problemfelder auf:
- methodische Mängel
  - hohe Kosten und zu viel Zeitverbrauch durch komplexe Methoden
  - schnelle Umsetzung bei einfachen Methoden, dies aber ungenau und oberflächlich
- strategische Defizite (keine Klarheit über Strategie und Ziele)
- Informationsmängel (wenig Kenntnis über zukünftige Entwicklungen wie Marktentwicklung oder technologischen Fortschritt)
- mangelnde Flexibilität
- unzureichende Quantifizierbarkeit von Einflussgrößen (Man kann bei qualitativer Planung, Kompetenzmodellen oder Gehaltssystemen nur mit Schätzverfahren arbeiten!)
- unterschiedliche Interessen bei der Festsetzung von Größen- bzw. Mengenangaben
- Probleme bei Schätzungen
- schwierige Erfassung und Systematisierung von Qualifikationsmerkmalen

hohe Veränderungsquote bei Anforderungen Deswegen soll hier nochmals an Perikles' Einsicht erinnert werden:

> »Es kommt nicht darauf an, die Zukunft vorauszusagen,
> sondern auf die Zukunft vorbereitet zu sein!«
> Perikles

2 Inhalte der Personalplanung

2.1 Dimensionen der Personalplanung

Die Inhalte der Personalplanung sind in unterschiedlichen Dimensionen zu betrachten. Es gibt eine zeitliche und eine strategische Komponente, die inhaltliche Unterscheidung sowie die verschiedenen Umsetzungsbereiche.

In der **zeitlichen Differenzierung** unterscheidet man zwischen kurzfristig (< 1 Jahr), mittelfristig (1–3 Jahre) und langfristig (> 3 Jahre).

Die **strategische Betrachtungsweise** setzt auf der zeitlichen Komponente auf. Die kurzfristige Variante wird ebenso als operativ bezeichnet wie auch Teile der mittelfristigen Planung. Die langfristige Planung ist grundsätzlich als strategisch zu betrachten.

Inhaltlich unterscheiden wir zwischen der quantitativen und der qualitativen Personalplanung. Zum **quantitativen Bereich** gehört die Personalbedarfsplanung nach Anzahl der Mitarbeiter, die Personaleinsatzplanung, personelle Maßnahmenplanungen, die Personalfreisetzungsplanung und die Personalkostenplanung, die sich wie ein roter Faden durch die gesamte Planung zieht und eine wichtige Determinante darstellt. Zum **qualitativen Bereich** gehört die Personalbedarfsplanung nach Anforderungen (Wissen, Können, Erfahrung) sowie die Schulungen und die Weiterbildung.

Auf der **strategischen Ebene** geht es im quantitativen Bereich um die Fortschreibung der Planungsdaten und die Entwicklung von Szenarien. Die qualitative Seite beinhaltet die Karriereplanung (Entwicklung), das Personalrisikomanagement und die Festlegung der Personalpolitik.

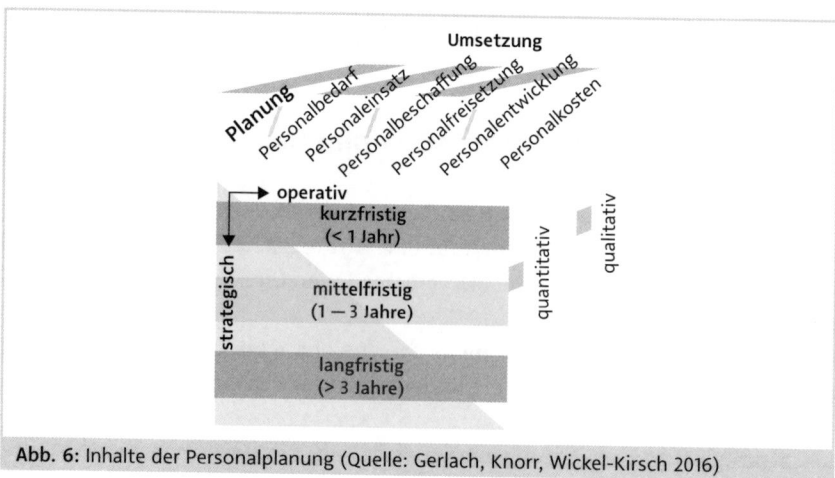

Abb. 6: Inhalte der Personalplanung (Quelle: Gerlach, Knorr, Wickel-Kirsch 2016)

Die Personalplanung befasst sich schwerpunktmäßig mit der Anzahl der Mitarbeiter (insgesamt und bereichsbezogen) sowie dem Personalkostenbudget (insgesamt und bereichsbezogen). Qualifizierungsthemen sind zurzeit noch unterdurchschnittlich vertreten.

Was die künftige Bedeutung der Themen in der Personalplanung betrifft, wird neben der weiter hoch angesiedelten Personalkostenbudgetplanung in erster Linie die Planung der Qualifikationsbedarfe aller Mitarbeiter bzw. der Mitarbeiter einzelner Bereiche genannt.

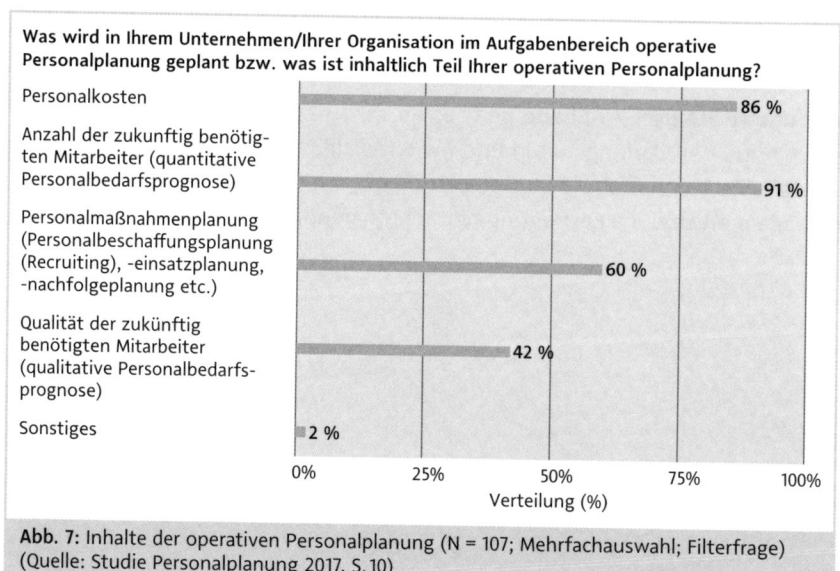

Abb. 7: Inhalte der operativen Personalplanung (N = 107; Mehrfachauswahl; Filterfrage) (Quelle: Studie Personalplanung 2017, S. 10)

2.2   Begrifflichkeiten

Genau wie bei den Inhalten wird auch bei den Begrifflichkeiten nach Dimensionen unterschieden. Aufgrund der Planungszeiträume wird zwischen **operativer** (eher kurzfristig) und **strategischer** (eher langfristig) **Personalplanung** unterschieden. Wobei die operative Planung sehr konkret und meistens nur auf ein Jahr bezogen ist. Die strategische Planung dagegen läuft mehrjährig und ist in ihrer Ausprägung weniger konkret. Entsprechend der Inhalte wird nach **qualitativer** oder **quantitativer Personalplanung** differenziert. Darüber hinaus umfasst die Personalplanung die Teilbereiche:

- Personalbedarfsplanung
- Personaleinsatzplanung
- Personalkostenplanung
- Personaldeckungsplanung
  darunter die Personalbeschaffungs- oder Rekrutierungsplanung (intern/extern)
- die Personalentwicklungsplanung
- die Personalfreisetzungs- oder Abbauplanung

Des Weiteren unterscheidet man zwischen **faktororientierter** und **prozessorientierter Personalplanung**. Die faktororientierte Personalplanung meint den Prozess der Planung aller Mitarbeiter im Unternehmen. Bei der prozessorientierten Planung geht es um den Prozess der Personalplanung an sich. Auch hier geht es um die Zeit, die Menge, die Kosten und die Qualität des Prozesses.

2.3   Personalkennzahlen

Personalkennzahlen bilden die Basis zur Steuerung aller Personalprozesse. Ohne sie ist ein sinnvolles Personalcontrolling nicht möglich. Ein regelmäßiges Berichtswesen ist ohne den Einsatz von Kennzahlen nicht aussagekräftig.

Die Hauptaufgaben von Personalkennzahlen sind:

- Information
- Steuerung
- Transparenz
- Entscheidungshilfe
- Unterstützung der Erfüllung gesetzlicher Pflichten
- Dokumentation

Aus dem Regelkreis wird deutlich, in welchen Phasen der Personalplanung Kennzahlen benötigt werden (vgl. Abb. 8).

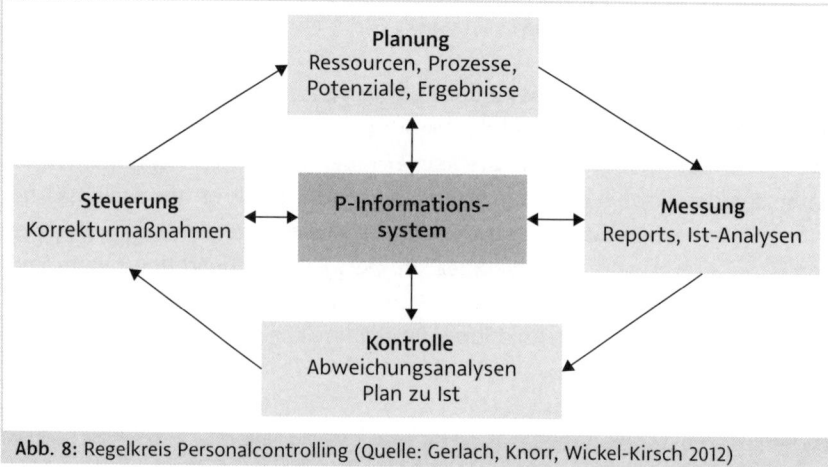

Abb. 8: Regelkreis Personalcontrolling (Quelle: Gerlach, Knorr, Wickel-Kirsch 2012)

Welche Eigenschaften sollten Kennzahlen haben? Man spricht in diesem Zusammenhang auch von Schlüsselkennzahlen. Durch Schlüsselkennzahlen wird sichtbar gemacht, wie leistungsfähig ein Unternehmen und seine einzelnen Bereiche sind und wie gut es seine Ziele erreicht.[3]

Schlüsselkennzahlen sollten ...

- klar und transparent sein,
- Akzeptanz bei den Betroffenen haben,
- miteinander vergleichbar sein,
- sich in Zahlen abbilden lassen,
- Bezug nehmen auf die gesetzten Ziele,
- aussagekräftig und
- eindeutig sein.

Das bedeutet auch, dass eine Kennzahl definiert und beschrieben werden muss. Wenn die Beschreibung nicht klar und eindeutig ist, ist die Anwendung in der Praxis mit Zweifeln behaftet.

---

3   Vgl. business-wissen.de

Eine wegweisende Kennzahlendefinition stammt von Schulte (2002):

Kennzahlenbezeichnung	Jährliche Weiter-bildung pro Mit-arbeiter	Kennzahl-Nr. 6
Beschreibung/Formel	$\dfrac{\text{Gesamtzahl der Weiterbildungstage}}{\text{Gesamtzahl der Mitarbeiter}}$	x $\dfrac{\text{Tage}}{\text{Mitarbeiter}}$
Gliederungsmöglichkeiten	– Mitarbeitergruppen	
Erhebungszeitpunkte/-räume	Jährlich	
Anwendungsbereich	Maß für die Intensität der Weiterbildung	
Kennzahlenzweck	Planung und Steuerung von Weiterbildungsmaß-nahmen	
Mögliches Ziel	Je Mitarbeiter 3 Tage pro Jahr	
Basisdaten	Anzahl der Weiterbildungsmaßnahmen Anzahl der Mitarbeiter	
Vergleichsgrundlagen	– Zeitvergleich – Betriebsvergleich	Soll-Ist-Vergleich
Interpretation	Das Ausmaß der erforderlichen Weiterbildungszeit hängt vor allem von dem vorhandenen Wissen der Mitarbeiter und der Geschwindigkeit ab, mit der das vorhandene Wissen veraltet. Durch die Differenzie-rung in einzelne Mitarbeitergruppen ist zu über-prüfen, inwieweit eine gleichmäßige Verteilung der Weiterbildungszeit im Unternehmen vorliegt.	

Abb. 9: Kennzahlendefinition von Christof Schulte (Quelle: Schulte 2002)

Es gibt unterschiedliche Arten von Kennzahlen. Zunächst wird zwischen ab-soluten Kennzahlen und Verhältniszahlen differenziert. Bei den absoluten Kennzahlen gibt es:

- Summen (Zahl der Mitarbeiter)
- Differenzen (Steigerung der Kosten gegenüber dem Vorjahr)
- Mittelwert (durchschnittliche Zeit bis zur Wiederbesetzung einer Stelle)

Bei den Verhältniszahlen unterscheiden wir zwischen:

- Gliederungszahlen (Qualifizierungstage, davon *off the job*)
- Beziehungszahlen (Qualifizierungskosten pro Mitarbeiter)
- Indexzahlen (Entwicklung der Qualifizierungskosten vom Basisjahr zu ver-schiedenen Jahren).

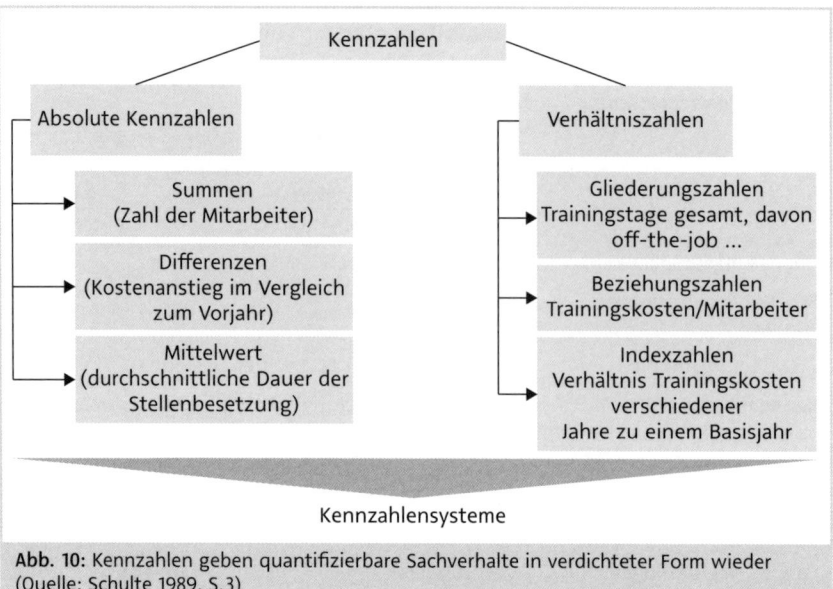

Abb. 10: Kennzahlen geben quantifizierbare Sachverhalte in verdichteter Form wieder (Quelle: Schulte 1989, S. 3)

Die Vergleichbarkeit von Kennzahlen ist auch dann von Bedeutung, wenn es innerbetrieblich oder extern zu Vergleichen kommt. Man kann in der eigenen Organisation die Betriebsbereiche anhand von Kennzahlen vergleichen. Beispiele sind Fluktuation, Krankheit, Alter oder auch Produktivität. Darüber hinaus sind Benchmarking-Vergleiche überbetrieblich innerhalb der eigenen Branche oder auch branchenübergreifend üblich.

Um die Aussagekraft zu erhöhen, können die Kennzahlen in ein System gebracht werden. Dadurch lassen sich Abhängigkeiten zwischen unterschiedlichen Sachverhalten verdeutlichen. Die gängigen Marktmodelle sind die Planungstools, Balanced Scorecard, Dashboards oder Cockpit-Systeme. Das Entscheidende an allen Modellen ist, dass es eine Akzeptanz in der Organisation gibt. Das bedeutet zum Beispiel, dass bei der Einführung eines solchen Modells die Initiative in Abstimmung mit der Geschäftsleitung erfolgt. Die Vorteile sind:

- Transparenz der Personalsituation
- Verwendung eines einheitlichen Modells (Benutzung durch Personaler und dem jeweiligen Betriebsbereich)
- Professionalisierung der Personalarbeit
- Perspektive auf einem Blick (wesentliche Abweichungen sind sofort erkennbar)
- Ausrichtung auf den Erfolg der Betriebsbereiche
- Erfüllung gesetzlicher Vorgaben

Bei der Balanced Scorecard wird darüber hinaus die Perspektive aus Kunden-sicht, aus finanzieller Sicht und aus Sicht der internen Geschäftsprozesse ver-deutlicht.

Wenn Sie sich intensiver mit Kennzahlen beschäftigen wollen, sind die Kenn-zahlen-Nachschlagewerke der Cometis AG zu empfehlen, die mit einer Zusam-menfassung von 100 Kennzahlen aufwarten.

Tipp !

Wenn Sie Kennzahlen oder Kennzahlensysteme einführen, sollten Sie sich auf eine Handvoll wesentlicher Kennzahlen beschränken, die mit dem jeweiligen Verant-wortlichen des Geschäftsbereichs abgestimmt sind. Nichts ist überflüssiger als ein »Kennzahlenfriedhof«, der viel Arbeit macht, aber von niemandem als Hilfsmittel in Anspruch genommen wird.

2.4 Funktion und Rollenverständnis der Personalabteilung

Für das Rollenverständnis der Personalabteilung ist es wichtig, dass sie den Prozess der Personalplanung begleitet, im Idealfall steuert. Das bedeutet im Einzelfall (vgl. DGFP; Armutat et al. 2007).

- Mitarbeit bei der Entwicklung einer Personalstrategie
- strategische Ressourcenplanung gemeinsam mit den Führungskräften
- Umsetzung der Strategie
  - Kommunikation mit den Führungskräften
  - Verständnis schaffen
  - Transparenz herstellen
  - Unterstützung für die Führungskräfte
  - Durchsetzung sicherstellen
- Organisatorische Voraussetzungen schaffen
  - Erstellung eines Kompetenzmodells
  - Kompetenzerfassung und Kompetenzmessung
  - Einbindung in die Unternehmensplanung
  - Technik und Tools bereitstellen

Demgegenüber zeichnet sich die Rolle des Vorgesetzten durch folgende Merk-male aus:

- Kenntnis von der Kultur, den Werten und Normen des Unternehmens
- Kenntnis von der Personalstrategie und deren Berücksichtigung
  - strategische Ziele kennen
  - Umsetzungsmöglichkeiten kennen
  - Bereitschaft, sich auf die Personalstrategie einzustellen

- Personalplanung für den eigenen Bereich vornehmen
  - Prüfen der Personalbestandsentwicklung
  - Planen des Personalbedarfs
  - strategische Szenarien entwickeln
- Anstöße für andere Personalmaßnahmen geben
  - Personalentwicklung
  - Talentmanagement
  - Vergütungssysteme

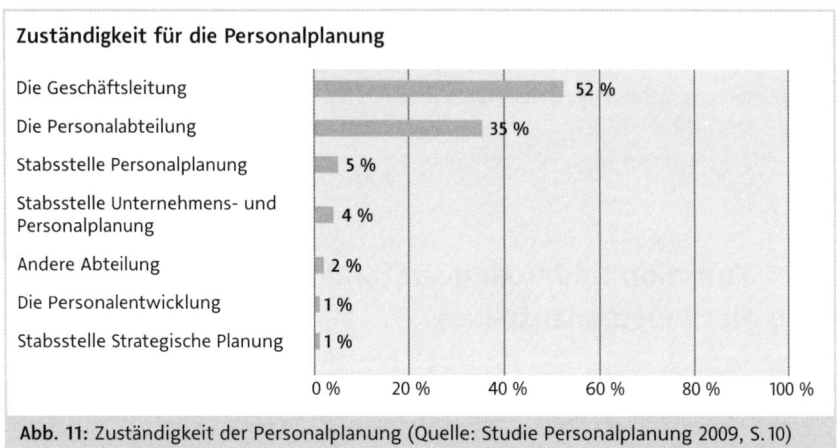

Zuständigkeit für die Personalplanung

Die Geschäftsleitung	52 %
Die Personalabteilung	35 %
Stabsstelle Personalplanung	5 %
Stabsstelle Unternehmens- und Personalplanung	4 %
Andere Abteilung	2 %
Die Personalentwicklung	1 %
Stabsstelle Strategische Planung	1 %

0 %   20 %   40 %   60 %   80 %   100 %

Abb. 11: Zuständigkeit der Personalplanung (Quelle: Studie Personalplanung 2009, S. 10)

Das folgende Praxisbeispiel soll die Rolle der Personalabteilung bei der Personalplanung noch einmal stichwortartig verdeutlichen.

Operative Personalplanung (bis 1 Jahr)
- Planungsvorbereitung
- Konsolidierung der Geschäftsbereichsplanungen
- Votierung der Planung in Abstimmung mit dem Financial Controlling
- Erstellung der Vorstandsvorlage
- Umsetzung der Vorstandsbeschlüsse

Mittelfristplanung (3-5 Jahre)
- Ermittlung der Faktorpreis-Steigerungen (Lohn- oder Gehaltsentwicklung inkl. Tarifbeschlüssen und Entwicklung der Sozialabgaben)
- Aufstellung einer Erwartungsrechnung
- Plausibilisierung der Geschäftsbereichsplanungen
- Votierung der Planung mit dem Financial Controlling
- Erstellung einer Vorstandsvorlage
- Umsetzung der Beschlüsse

2.5   Zeitdimensionen der Personalplanung

Wie zuvor bereits angesprochen, wird in erster Linie zwischen einer kurzfristig und einer langfristig orientierten Personalplanung unterschieden.

Eine **kurzfristige Planung** umfasst in der Regel den Zeitraum von drei Monaten bis maximal einem Jahr. Sie ist operativ angelegt und zeichnet sich durch konkrete personalwirtschaftliche Maßnahmen aus. Die Personalabteilung kann sich hierbei auf konstante Bedingungen verlassen. Das heißt, sie kann davon ausgehen, dass Produktionsbedingungen, technische Voraussetzungen, tarifliche und sozialpolitische Bedingungen feststehen. Es gibt einen beschlossenen Jahresplan mit klaren Zielen für diesen Zeitraum. Die zu treffenden Maßnahmen umfassen die Sicherstellung des Personalbedarfs, die entsprechenden Personalbeschaffungsmaßnahmen oder Freisetzungen, die Personaleinsatzplanung und die dazugehörige Personalkostenplanung. Darüber hinaus kann es auch zu unvorhergesehenen Situationen kommen, die kurzfristigen Handlungsbedarf erfordern.

Die **mittel- und langfristige Personalplanung** bezieht sich auf einen Zeitraum von einem bis zu drei Jahren oder langfristig bis zu fünf Jahren. Es handelt sich hier um eine Rahmenplanung, die Annahmen enthält, deren Realisierung in dem betreffenden Zeitraum noch nicht sichergestellt ist. Sie beinhaltet Ziele, die auf Prognosen basieren. Diese betreffen zum Beispiel den technologischen Fortschritt, die Produktivität, die Marktsituation, die sozialpolitischen und tarifpolitischen Erwägungen sowie die Entwicklung neuer Produkte und Überlegungen hinsichtlich einer Markt- oder Produkterweiterung.

Für die Personalabteilung ergeben sich daraus in erster Linie Personalentwicklungsmaßnahmen, Nachfolgeplanungen, Überlegungen bezüglich vorhandener und zukünftig erforderlicher Kompetenzen (Überarbeitung des Kompetenztableaus). Es müssen Szenarien entwickelt werden, die den Personalbedarf den Zielen gemäß prognostizieren. Das gilt genauso für die Annahmen zur Entwicklung der Personalkosten.

Je weiter die Personalplanung in die Zukunft gerichtet ist, desto unsicherer ist die Basis, auf der sie sich bewegt.

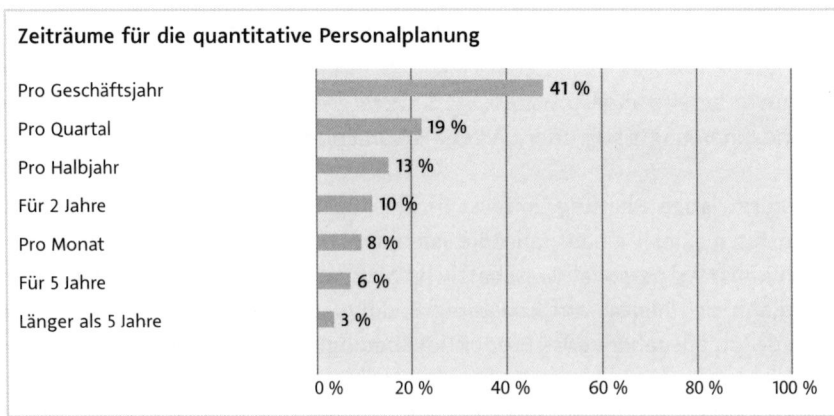

Zeiträume für die quantitative Personalplanung

Abb. 12: Zeiträume für die quantitative Personalplanung (Quelle: Studie Personalplanung 2009, S. 16)

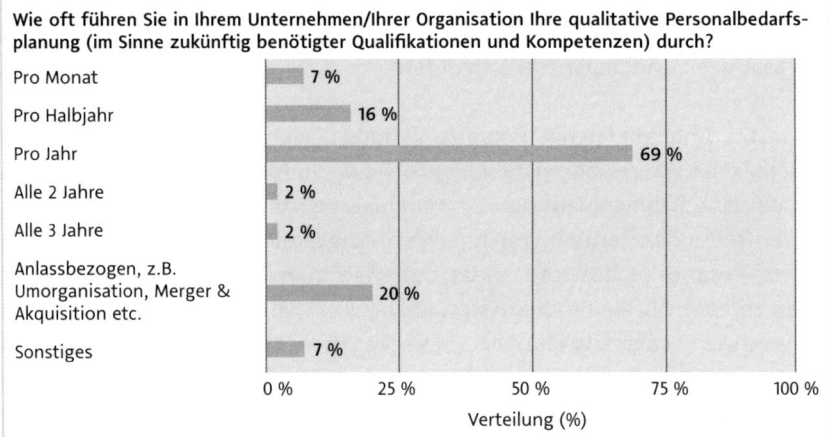

Wie oft führen Sie in Ihrem Unternehmen/Ihrer Organisation Ihre qualitative Personalbedarfsplanung (im Sinne zukünftig benötigter Qualifikationen und Kompetenzen) durch?

Abb. 13: Durchführungshäufigkeit der qualitativen Personalplanung (N = 45; Mehrfachauswahl; Filterfrage) (Quelle: Studie Personalplanung 2017, S. 13)

3 Personalplanung in der Personalabteilung

3.1 Entwicklung der Personalabteilung

Wenn man über die Personalplanung als Aufgabe der Personalabteilung spricht, muss man mehrere Komponenten berücksichtigen. In welcher Rolle sieht das Unternehmen ihre Personalabteilung? Wie viel Geld (Kapazitäten) darf das Personalgeschäft kosten? Ist die Zufriedenheit mit den Leistungen der Abteilung so, dass die anderen, produktiven Einheiten bereit sind, diese Leistungen in Anspruch zu nehmen und die entsprechenden Kosten dafür zu übernehmen?

Die Personalmitarbeiter selbst müssen hinterfragen, in welcher Rolle sie ihre Abteilung sehen, und selbstkritisch ihre Qualifikationen überprüfen. In der einschlägigen Fachliteratur der letzten Jahre nimmt in diesem Zusammenhang das **Vier-Rollen-Modell der Personalabteilung** einen prominenten Platz ein (vgl. Abb. 14). Dabei geht es um die Rollen des strategischen Partners (Business Partner), des Change Agents, des Administrators und des Experten für Mitarbeiterinteressen.

Strategie — Zukunft	Strategischer Partner, Business-partner	Change Agent — Förderer von Veränderung
	Personal wirkt an der Formulierung und Umsetzung der Geschäftsstrategie mit: • Übersetzung der Unternehmensstrategie in eine Personalstrategie • Unterstützung der Leistungsfähigkeit des Unternehmens • Langfristiges Kompetenz-, Motivations- und Retention-Management • Langfristige qualitative Personalplanung …	Personal unterstützt Führungskräfte bei gezielten Veränderungen der Strukturen, der Kultur oder der Prozesse: • Managt notwendige Kommunikationsprozesse • Betreibt aktiv Kulturarbeit • Gestaltet eine Kerngruppe wichtiger Führungskräfte, um Veränderungen zu sichern • …
»Tag für Tag«-Gegenwart	Experte für Administration	Experte für Mitarbeiterinteressen
	Personal arbeitet an Service, Qualität und Kosten seiner Prozesse: • Schlanke, administrative Prozesse, wie Gehaltsabrechnung, Zeitwirtschaft … • Automatisierung und Bündelung administrativer Prozesse • Eliminieren von überflüssigen Prozessen …	Personal stellt die benötigten Programme und Instrumente für das Linienmanagement zur Verfügung und entwickelt diese weiter: • Bewertung und Feedback der Arbeitsmoral so wie deren Bestimmungsfaktoren • Verbesserung der Personal- und Arbeitsstrukturen • Transparente Interessenvertretung …
	Prozesse	Mitarbeiter — Führungskräfte

Abb. 14: Rollenmodelle der Personalabteilung (Quelle: Nach Althauser 2004)

Als die Diskussion um die Einführung des Business Partners vor zwanzig Jahren begann, sind viele Personalexperten davon ausgegangen, dass es sich hier um eine herausgehobene Position handelt. Erst im Laufe des Prozesses wurde deutlich, dass der Business Partner eine andere, neue Facette des Personalexperten darstellt. Wenn man von dem Personalexperten spricht, sollten alle vier Rollen gleichgewichtig nebeneinander gesehen werden. Die internen Kunden erwarten eben nicht nur den Business Partner, sondern ebenso das Knowhow des Change Agent, des Abwicklungsexperten und die Unterstützung des Mitarbeiterexperten. Der Personalmitarbeiter selber sieht sich laut einer Umfrage als Experte für Mitarbeiterinteressen, während sich der Personalleiter als Business Partner sieht. Hierbei darf man nicht verkennen, dass 60–70% der Tätigkeiten administrativer Natur sind. Aber auch heute, nach zwanzig Jahren, ist der Business Partner eine in vielen Unternehmen wahrgenommene Funktion, die in ihrer Bedeutung noch wächst. Das Problem ist dabei, dass es schwierig ist, diese anspruchsvolle Position adäquat zu besetzen, da es vielen Personalmitarbeitern schwerfällt, sich in die Lage ihrer Geschäftsbereiche und deren Ziele und Zahlen hineinzuversetzen.

In der Personalplanung müssen folgende Kapazitäten geplant werden:

Business Partner
- Beratung der Führungskräfte
- Beratung von Schlüsselkräften zu Karriere und Entwicklung
- Lösen von Problemen im Führungsalltag
- Planung der Zukunft der Geschäftsbereiche

Change Agent
- Anstoßen und Forcieren von Veränderungsprozessen
- Beratung von Key Playern zur Kulturveränderung
- Personalentwicklung im Sinne von Veränderungsmanagement und Coaching sowie das Anbieten von Teamprozessen

Mitarbeiterexperte
- Hilfestellung für Mitarbeiter in allen Fragen
- Durchführen der Personalverwaltung
- Erfüllung der von Führungskräften gestellten Aufgaben
- Betreuung

Administrativer Experte
- Optimierung von Prozessen
- Durchführen von Personalverwaltung und Zeitwirtschaft
- Reduktion von Prozesskosten

Das Drei-Säulen-Modell der Personalabteilung
Weitere Überlegungen hinsichtlich der Planung von Kapazitäten im Personalbereich beinhalten die Frage, welche Struktur für das Unternehmen sinnvoll und gleichzeitig preiswert ist. Bekannt ist das Drei-Säulen-Modell:

1. Business Partner (inkl. Change Agent)
2. Kompetenz-Center (Mitarbeiterexperte)
3. Steuerungs-Center (Verwaltung, Gehaltsabrechnung, Zeitwirtschaft, IT)

Shared-Service-Center-Modell
Darüber hinaus wird das Shared-Service-Center-Modell insbesondere bei großen und internationalen Unternehmen diskutiert und zum Teil auch eingeführt. Hier wird nach differenziert nach:

- Cost-Center
  (kostenorientiert, nur interne Kunden, Ziel: Kostenminimierung)
  Service-Center (marktorientiert, interne Kunden, Ziel: Ergebnis ausgeglichen)
- Profit-Center
  (marktorientiert, externe Kunden, Ziel: Gewinn maximieren)

Bei kleinen und mittleren Unternehmen gehen die Überlegungen eher in Richtung Outsourcing von Teilbereichen. Das beginnt bei der Zeitwirtschaft, der Gehaltsabrechnung, der Pensionsabrechnung und kann auch die gesamte Administration und ebenso die Beratung betreffen. Die Grundsatzüberlegung geht von der Frage aus, was das Unternehmen zu investieren bereit ist.

Verrechnung der entstehenden Kosten
Die Verrechnung der entstehenden Kosten kann auf verschiedene Weise vorgenommen werden.

Sie kann über **Verrechnungspreise** erfolgen. Hier wird zwischen Globalverrechnung (die Kosten der Mitarbeiter sowie die entstehenden Sachkosten werden pauschal verrechnet) und Einzelleistungsverrechnung (Leistungen werden nach Inanspruchnahme belastet; eventuell kann auch eine Jahresrechnung erfolgen, in der die Leistungen geplant werden, die in Anspruch genommen werden).

Eine weitere Möglichkeit ist die **Erstellung eines Leistungskatalogs**, aus dem die benötigten Leistungen ausgewählt werden können. Hier wird vielfach zwischen Kern- oder Muss-Leistungen, Standardleistungen und Sonderleistungen differenziert. Die ersteren müssen von allen in Anspruch genommen werden, während die Standardleistungen und die Sonderleistungen ausgewählt werden können.

Darüber hinaus kann eine **Vollkostenallokation** vereinbart werden, bei der alle Leistungen und alle Kosten der Personalabteilung auf die internen Kunden umgelegt werden. Dieses Vorgehen setzt Sitzungen mit den betroffenen Abteilungen voraus, in denen die Vereinbarung beschlossen wird. Ein weiteres Vorgehen sind die sogenannten **Service Level Agreements**, also schriftliche Vereinbarungen, in denen Qualität, Quantität, der Preis sowie der Zeitpunkt der Lieferung der Leistung festgelegt sind. Sie enthalten daneben auch Regelungen, die bei nicht gelieferter Leistung oder bei schlechterer Qualität entsprechende Sanktionsmechanismen enthalten. Der Vorteil dieser Regelungen ist, dass sowohl für den Lieferanten (Personalabteilung) als auch für den Empfänger Transparenz und Sicherheit geschaffen werden.

3.2 Kennzahlen für den Personalbereich

Im Personalbereich werden Kennzahlen ebenso benötigt wie in den Geschäftsbereichen. Aufgrund der permanenten Überprüfung der Kapazitäten in den Verwaltungsbereichen ist die Pflege der Zahlen umso wichtiger. Das gilt sowohl für die initiierten Prozesse im Personalbereich als auch für die benötigten Kapazitäten. Insbesondere der Prozess der Personalplanung ist aufgrund seiner Auswirkungen auf andere Bereiche, wie zum Beispiel Personalbeschaffung, Personalentwicklung oder Personalfreisetzung, permanent zu überprüfen. Dies gilt für die Anzahl der Prozesse (empfehlenswert ist die Konzentration auf einen Planungsprozess im Jahr), für die benötigte Zeit (auch bei einem Prozess im Jahr ist es wichtig, die Effizienz und die erforderlichen Kapazitäten zu prüfen), für die anfallenden Kosten (Kapazitäten und IT-Tools) und für die erforderliche Qualität.

- Kennzahl: Menge
  Ein Prozess pro Jahr (in der Analyse festgestellte Abweichungen können neue Maßnahmen erfordern).
- Kennzahl: Zeit
  Anzahl der gebundenen Kapazitäten, Durchlaufzeit vom Start bis zur endgültigen Entscheidung durch den Vorstand.
- Kennzahl: Kosten
  Diese Kennzahl entsteht durch die gebundenen Kapazitäten und die Kosten für die genutzte Software.
- Kennzahl: Qualität
  Abgleich der geplanten Werte mit den tatsächlichen Werten. Die Anzahl der unbegründeten Abweichungen ist ein Hinweis auf die Qualität des Prozesses und zeigt Verbesserungspotenziale auf.

Hinsichtlich der Kapazitäten und Kosten der Personalarbeit können folgende Kennzahlen herangezogen werden:

- Personalkosten insgesamt im Vergleich zu den Personalkosten der Personalarbeit
- Kosten pro Personalmitarbeiter (Personalkosten der Personalarbeit dividiert durch die Anzahl der Personalmitarbeiter)
- Gesamtkosten der Personalarbeit dividiert durch die Anzahl aller Mitarbeiter
- Betreuungsquote (Anzahl Mitarbeiter pro Personalberater)
- Betreuungsquote Gehaltsabrechnung (Anzahl der Abrechnungsfälle pro Mitarbeiter Gehaltsabrechnung)
- Anzahl der Personalmitarbeiter im Verhältnis zur Gesamtbelegschaft
- Zeitdauer der unbesetzten Planstellen (Wiederbesetzungsdauer nach Abgang)
- Kosten pro Einstellungsvorgang (Kapazitäten, Kosten der Ausschreibung)
- Umfang der internen und externen Referententätigkeit
- Betreuungsquote der Business Partner (Anzahl der Führungskräfte oder der Bereiche pro Business Partner)

Viele dieser Kennzahlen sind innerhalb einer Branche oder auch darüber hinaus vergleichbar. Entscheidend ist die Basis, auf der verglichen wird. Diese muss vorher mit den Partnern präzise abgestimmt werden. Benchmarking-Vergleiche dieser Art helfen den Unternehmen, die Größenordnung ihrer Bereiche mit einer gewissen Sicherheit einschätzen zu können.

Die wichtigsten Kennzahlensysteme
Neben den einzelnen Kennzahlen sind auch diverse Kennzahlensysteme am Markt bekannt. Neben der Balanced Score Card gibt es einige Cockpit- und Dashboard-Systeme, die größere Unternehmen installiert haben. Ferner sind ein Modellvorschlag der DGFP (WOP-Modell, wertorientiertes Personalmanagement) und ein Vorschlag der Hochschule RheinMain (gemeinsam mit PwC), ein Kennzahlensystem mit Zielkennzahl sowie ein Vorschlag aus dem Jahr 1995 (Bühner, 1995, S. 55 ff.), der sich auf den Cashflow pro Mitarbeiter bezieht, bekannt.

Auf den folgenden Seiten erhalten Sie eine kurze Erläuterung zu den einzelnen Systemen.

Balanced Score Card (BSC)
Die BSC ist ein strategisches Steuerungsinstrument, das Anfang der 90er-Jahre des vorigen Jahrhunderts von den Amerikanern Kaplan und Norton entwickelt worden ist und wesentliche Kennzahlen steuerungsrelevant aufbereitet. Es

hat die Aufgabe, wichtige Faktoren in unterschiedlichen Dimensionen transparent und messbar zu machen. Strategische Ziele und Maßnahmen sollen unternehmensweit kommuniziert werden und persönliche und bereichsspezifische Ziele an eine gemeinsame Unternehmensstrategie angepasst werden. Es lässt sich sehr gut auf den Personalbereich anwenden:

- finanzwirtschaftliche Perspektive → Personalkosten
- Kundenperspektive → Arbeitgeberattraktivität
- Prozessperspektive → Beschaffungsprozess
- Entwicklungsperspektive → Potenzialanalyse

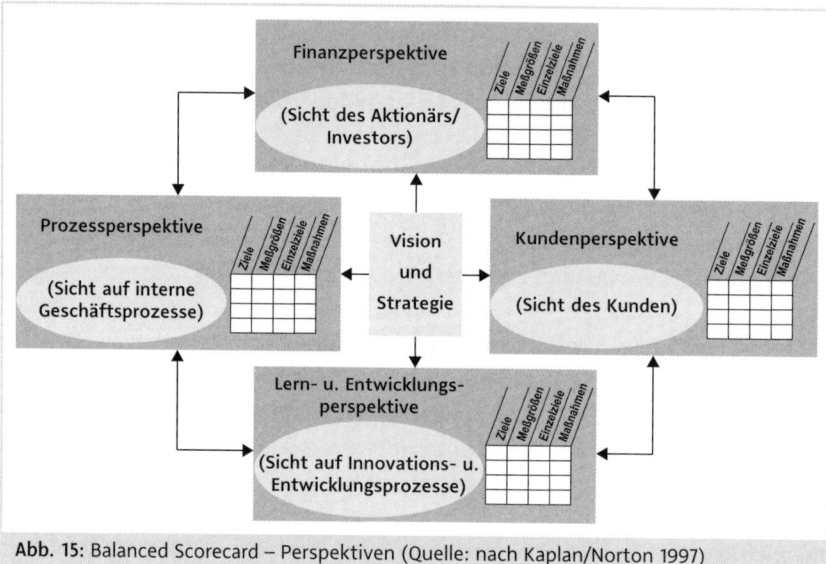

Abb. 15: Balanced Scorecard – Perspektiven (Quelle: nach Kaplan/Norton 1997)

HR-Cockpit

Das HR-Cockpit ist ein Instrument, das den ganzheitlichen Ansatz der Personalarbeit unterstützt. Es dient der Transparenz der Personalsituation, der Professionalisierung der Personalarbeit, der Einheitlichkeit der Sichtweise zwischen dem Personalbereich und den Geschäftsbereichen und erhebt den Anspruch, den Erfolg des Geschäfts zu unterstützen. Dieses Werkzeug ermöglicht eine Vernetzung durch Integration der Personal- und Geschäftszahlen, ein frühzeitiges Agieren durch Transparenz, eine Unterstützung der Zusammenarbeit zwischen Personalressort und Führungskräften und schafft eine Basis zur Kommunikation aller Probleme im Personalgeschäft.

HR-Dashboard

Das HR-Dashboard ist in erster Linie ein Reporting-Werkzeug, mit dem die wesentlichen Kennzahlen und Analysen bereitgestellt werden. Ziel ist es, dem Personalmanagement und den Führungskräften in einem Dokument die entscheidenden Daten zur Verfügung zu stellen. Das erfolgt über automatische Management-Reports. Diese sollten zielorientiert, anwenderspezifisch und benutzerfreundlich sein und möglichst eine Drilldown-Funktionalität beinhalten. Wichtig ist, dass alle Reports vom Personalmanagement und den Führungskräften akzeptiert werden.

WOP-Modell der DGFP

Das wertorientierte Personalmanagement (WOP-Modell) nutzt die Instrumente des Personalcontrollings, um die Aktivitäten des Personalmanagements an der Unternehmensstrategie und dem wirtschaftlichen Erfolg des Unternehmens auszurichten. Es geht dabei um die folgenden Erfolgsfaktoren:

- Qualität und Verfügbarkeit des Personals
- effiziente Personalprozesse
- Arbeitgeberattraktivität
- innovative Organisation
- Führungsqualität

Dazu kommen die Werttreiber, die diesen Erfolgsfaktoren zugeordnet sind. Ausgehend von der Unternehmensstrategie wird definiert, welche Prozesse und welche Werttreiber am besten dazu beitragen können, dass das geforderte Unternehmensergebnis erzielt werden kann. Auf dieser Basis kann dann ein Indikatormodell aufgebaut werden.

Zielkennzahl-Modell (HS RheinMain)

Dieses Modell geht in ähnlicher Form vor wie das WOP-Modell. Es wird festgelegt, welche Treiber und Hebel wichtig für das Unternehmen sind. Daraus werden Indikatoren entwickelt, die folgende Fragen berücksichtigen: Wie ist der Wertbeitrag des Mitarbeiters? Welche Einflussmöglichkeit hat das Unternehmen? Welchen Beitrag leistet die Personalabteilung? Aus den Indikatoren werden Kennzahlen entwickelt, die dann beschrieben werden. Die Zielkennzahl ist der Personalwert dieses Unternehmens. Ein Beispiel:

- Wie viel seines Potenzials setzt der Mitarbeiter ein?
- Wie ist die Identifikation? (Indikator)
- Wie hoch ist die ungewollte Kündigungsquote? (Kennzahl)

Bühner-Modell

Das Bühner-Modell baut ebenso auf einer Zielkennzahl auf. Zum Beispiel den Cashflow pro Mitarbeiter. Anschließend wird entwickelt, wie sich diese Zahl bilden kann. Hinsichtlich der Personalseite zum Beispiel ausgehend vom dem Personaleinsatz, über die Verfügbarkeit, die Anzahl und den Preis der Mitarbeiter. Bezüglich des Geschäfts ausgehend von der Mitarbeiteranzahl, dem Anlage- und Umlaufvermögen, dem Umsatz hin zum Cashflow. Dieser wird dann ins Verhältnis gesetzt zum Mitarbeiter, so dass ein Cashflow pro Mitarbeiter herauskommt.

3.3 Die Position eines Personalplaners

Wenn in Unternehmen die Verantwortung für den Personalplanungsprozess im Personalressort liegt, macht es je nach Größenordnung Sinn, die Position des Personalplaners einzurichten. Das kann in Kombination mit dem Personalcontroller passieren, eine selbstständige Position sein oder in Verbindung mit einer bestehenden Beratungstätigkeit erfolgen.

Zum Profil des Mitarbeiters, der die Position eines Personalplaners besetzt, sollten viele der nachfolgend aufgeführten Eigenschaften gehören:

- betriebswirtschaftliches Studium mit Schwerpunkt Personal/Controlling
- abgeschlossene Berufsausbildung und langjährige Praxiserfahrung
- gutes personalwirtschaftliches Wissen
- Kenntnisse im Arbeitsrecht und in den Vergütungssystemen
- IT-Kenntnisse, Erfahrung mit Personalwirtschaftssystemen
- Affinität zu Zahlen
- konzeptionelles Denken, gute Kommunikationsfähigkeit
- gutes »Standing« im Unternehmen, um Sachverhalte und Argumente überzeugend auch gegen Widerstände zu vertreten

Darüber hinaus ist eine Zusammenarbeit über alle Hierarchieebenen sicherzustellen.

Der Personalplaner sollte bei der Entwicklung der Personalstrategie mitarbeiten, die Ressourcenplanung mit den Führungskräften steuern (eventuell auch direkt mitwirken). Er soll in den einzelnen Bereichen für Transparenz und Kommunikation hinsichtlich der Strategie sorgen und auch deren Durchsetzung sicherstellen. Der Personalplaner sollte die organisatorischen Voraussetzungen für den Prozess schaffen.

4 Aufgaben der Personalbedarfsplanung

Die Personalbedarfsplanung ist der Ausgangspunkt der Personalplanung. Sie stellt folgende Fragen:

- Wie viele Mitarbeiter werden benötigt?
- Welche Qualifikationen müssen vorhanden sein?
- An welchen Orten werden die Mitarbeiter eingesetzt?
- Zu welchem Zeitpunkt ist ihr Einsatz geplant?

Die Personalbedarfsplanung hat somit zeitliche, räumliche, qualitative und quantitative Dimensionen. Ohne die Kenntnisse aus der Personalbedarfsplanung können die anderen Teilbereiche der Planung nicht angestoßen werden. Sie ist damit die Grundlage für die Beschaffungsplanung, die Einsatzplanung, die Entwicklungsplanung, die Freisetzungsplanung und auch die Personalkostenplanung.

> Die Personalbedarfsplanung hat die Aufgabe, den Personalbedarf und die vorhandenen Potenziale der Mitarbeiter in Übereinstimmung zu bringen. Sie soll große Mitarbeiterüberhänge und Personalengpässe vermeiden. Beide Situationen führen zu finanziellen Belastungen und können ein Unternehmen in eine schwierige Lage bringen.

Es ist deshalb auch sinnvoll, vor einer Bedarfsplanung eine **Geschäftsprozessoptimierung** durchzuführen, um zu verhindern, dass Schwachstellen oder organisatorische Mängel in der Planung festgeschrieben werden. Im Folgenden wird zwischen **quantitativer und qualitativer Bedarfsplanung** unterschieden. Das heißt, es geht einerseits um die Anzahl der Mitarbeiter und andererseits um deren Qualifikation.

Bezüglich der Typen der Personalbedarfsplanung wird darüber hinaus zwischen der sogenannten Fortführungsbasis und der Nullbasisplanung unterschieden. Die Fortführungsbasis arbeitet nur mit Vergangenheitsdaten (Typ 1) oder teilweise mit Vergangenheitsdaten (Typ 2). Die Nullbasisplanung arbeitet ohne Vergangenheitsdaten (Typ 3).

Während die Personalplanung selbst in Abstimmung zwischen dem Personalressort und den einzelnen Geschäftsbereichen abläuft, liegt die endgültige Entscheidung bei der Geschäftsführung.

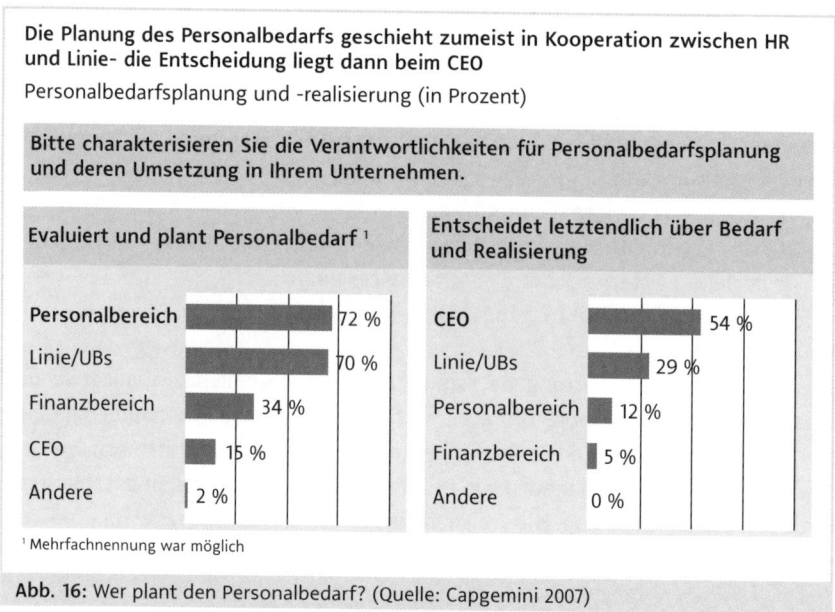

Abb. 16: Wer plant den Personalbedarf? (Quelle: Capgemini 2007)

4.1 Quantitative Personalbedarfsplanung

In der operativen Personalbedarfsplanung wird von einem Planungshorizont von maximal zwölf Monaten ausgegangen. Auf die mittel- und langfristige Planung wird im Kapital 7 »Strategische Ausrichtung der Personalplanung« eingegangen.

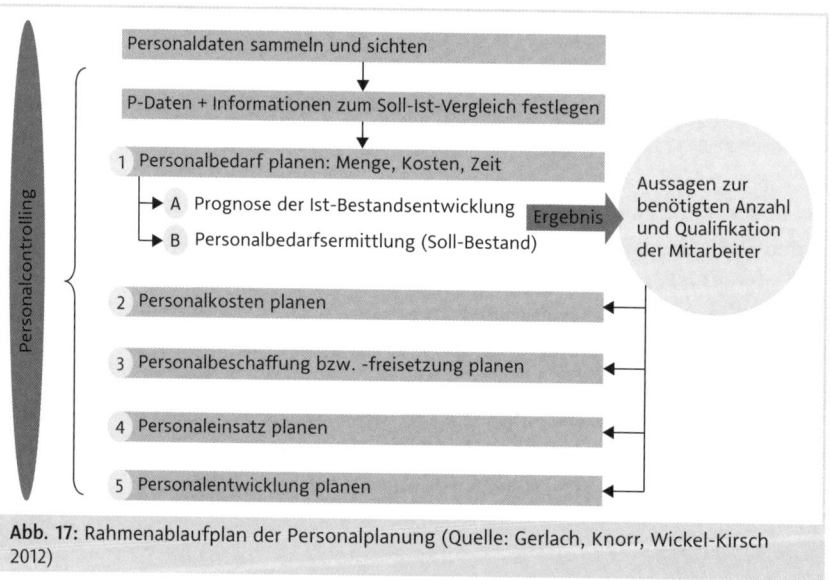

Abb. 17: Rahmenablaufplan der Personalplanung (Quelle: Gerlach, Knorr, Wickel-Kirsch 2012)

4.1.1 Personalbestandsentwicklung

Zur Berechnung des künftigen Personalbedarfs müssen folgende Schritte unternommen werden:

- Ermittlung des Ist-Personalbestandes: Wie viele Mitarbeiter arbeiten heute im Unternehmen und wie viele werden es unter Berücksichtigung aller bisher bekannten Abgänge und Zugänge in zwölf Monaten sein?
- Ermittlung des Brutto-Personalbedarfs: Wie viele Mitarbeiter benötigen wir für die nächsten zwölf Monate?
- Berechnung des Netto-Personalbedarfs: Gegenüberstellung von Ist- Personalbestand und Brutto-Personalbedarf.

Bei der Ermittlung des Ist-Personalbestandes (auch Personalbestandsanalyse) werden Stellenpläne und Stellenbeschreibungen herangezogen. In diesem Stadium ist eine enge Zusammenarbeit mit den Geschäftsbereichen besonders wichtig. Die dort vorhandenen Kenntnisse über die künftige Anzahl können mit den in der Personalabteilung vorhandenen Informationen abgeglichen werden. Insbesondere die erforderlichen und vorhandenen Qualifikationen sind hier wichtig. Deswegen ist eine permanente Pflege aller Informationen im jeweiligen System dringend geboten!

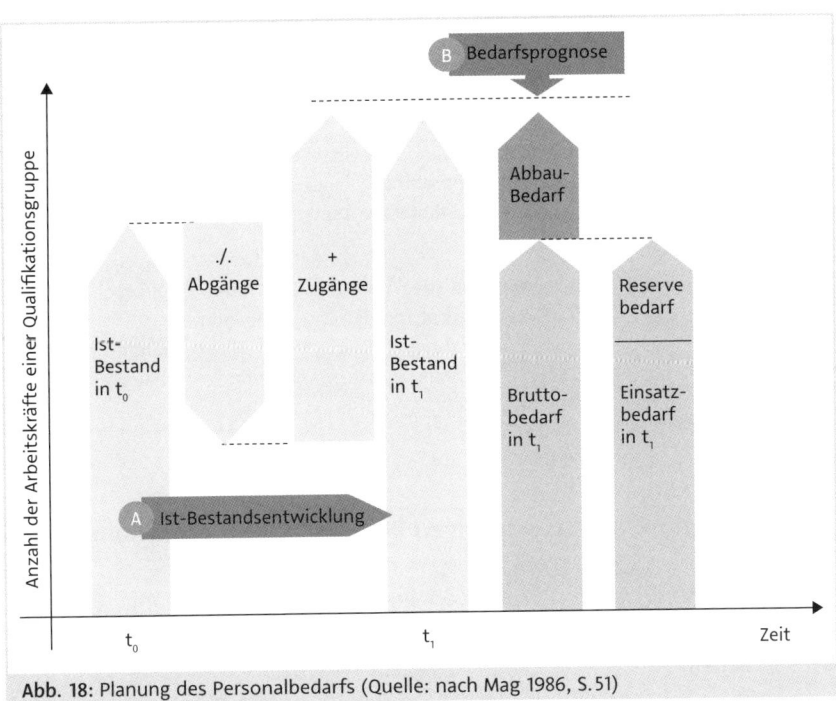

Abb. 18: Planung des Personalbedarfs (Quelle: nach Mag 1986, S. 51)

Nachfolgend werden die wichtigsten Begriffe der quantitativen Personalbedarfsplanung erläutert:

Zentrale Begriffe der quantitativen Personalbedarfsplanung	
Einsatzbedarf	Bedarf an Mitarbeitern, der sich gemäß Einsatzplanung aus organisatorischen, tariflichen und gesetzlichen Vorgaben ergibt
Bruttopersonalbedarf	Anzahl der Mitarbeiter, die insgesamt zur Leistungserstellung erforderlich sind (Einsatzbedarf + Reservebedarf)
Nettopersonalbedarf	$$\frac{\text{Bruttopersonalbedarf}}{\text{IstBestand an Mitarbeitern}}$$
Reservebedarf	Berechnung auf Basis betrieblicher Vorgaben zur Abdeckung von Auslastungsspitzen und persönlichen Fehlzeiten (Urlaub, Krankheit usw.)
Neubedarf	Zum Bruttopersonalbedarf ergibt sich ein Zusatzbedarf an Mitarbeitern.
Ersatzbedarf	Anzahl der Mitarbeiter, die bis zum Ende der Planungsperiode eingestellt werden müssen, um den Personalbestand zu Beginn der Planungsperiode zu erreichen $$\left(\frac{\text{voraussichtliche Abgänge}}{\text{voraussichtliche Zugänge}} \right)$$
Personalunterdeckung	Ist im Rahmen der Personalbedarfsplanung der Bruttopersonalbedarf größer als der Ist-Personalbestand, spricht man von Personalunterdeckung. Mögliche Maßnahmen: befristete/unbefristete Einstellungen, Einsatz von Leiharbeitern, Versetzungen, Verlängerung der vertraglich vereinbarten Arbeitszeit, Anordnung von Mehrarbeit usw.
Personalüberdeckung	Eine Personalüberdeckung liegt vor, wenn der Bruttopersonalbedarf kleiner ist als der Ist-Personalbestand. Mögliche Maßnahmen: Kündigungen, Nichtverlängerung befristeter Arbeitsverträge, Auslaufen von Leiharbeitsverträgen, Einstellungsstopp usw.

4.1.2 Verfahren der quantitativen Personalbedarfsermittlung

Bei den Verfahren der quantitativen Personalbedarfsermittlung wird zwischen intuitiven, arbeitswissenschaftlichen und mathematischen Verfahren unterschieden.

Abb. 19: Verfahren quantitativer Bedarfsbestimmung (Quelle: Gerlach, Knorr, Wickel-Kirsch 2012)

Welches Verfahren seitens eines Unternehmens angewendet werden sollte, ergibt sich aus den Anforderungen an die zu planenden Stellen und/oder der Quantifizierbarkeit der Tätigkeiten. Im Anschluss an die Vorstellung der einzelnen Verfahren erfahren Sie, welche Vor- und Nachteile die Verfahren im Einzelnen haben.

a) Schätzverfahren
Zunächst werden die wichtigsten Schätzverfahren beschrieben:

Einfaches Schätzverfahren
Schätzungen basieren auf der Intuition und der Problemkenntnis von zuständigen Führungskräften hinsichtlich zukünftiger Entwicklungen. Sie werden schwerpunktmäßig in kleinen und mittleren Betrieben angewandt und beziehen sich auf den kurz- und mittelfristigen Personalbedarf. Zum Ende des Planungszeitraums werden die zuständigen Führungskräfte befragt, wie viele Mitarbeiter sie in der kommenden Planungsperiode benötigen. Geschäftsführung und Personalabteilung prüfen die Ergebnisse auf Plausibilität und korrigieren sie, falls erforderlich. Der Vorteil dieser Methode ist der geringe Planungsaufwand und die Einbeziehung und damit die Akzeptanz der betroffenen Führungskräfte. Ein Nachteil dieses Verfahrens ist, dass durchsetzungsstarke Führungskräfte gegenüber zurückhaltenden Kollegen immer im Vorteil sind.

Expertenbefragung

Bei dieser Methode werden neben den Führungskräften auch interne oder externe Experten befragt. Die Zielrichtung ist ein gemeinsames Gesamturteil. Auch hier ist abzusehen, dass sich die Stärkeren durchsetzen. Kritisch zu sehen ist, dass ein Gesamturteil nur eine Zusammenfassung von subjektiven Einzelmeinungen ist.

Delphi-Methode

Bei der Delphi-Methode werden neben den Führungskräften Kunden, Unternehmensberater und Verbandsvertreter gebeten, ihre Sicht der Entwicklung des Personalbedarfs zu begründen. Dies geschieht in Form einer anonymen Befragung in mehreren Runden, wobei die jeweiligen Ergebnisse an die Teilnehmer zurückgemeldet werden. Das Ziel ist, ein einheitliches Bild zu erhalten, ohne dass sich die Teilnehmer in Diskussionen gegenseitig beeinflussen. Dadurch wird auch ermöglicht, dass abweichende Meinungen nicht unterdrückt werden.

Szenario-Methode

Es geht um die internen und externen Einflussfaktoren, die den Personalbedarf bestimmen. Der Ist-Zustand der Faktoren wird festgehalten, und es werden Annahmen über die zukünftige Entwicklung gebildet und deren Auswirkungen auf die Prognose des Personalbedarfs berechnet. Ziel ist die Bildung eines Planungskorridors, in dem die jeweils positive und negative Entwicklung mit ihren Abhängigkeiten von den Einflussfaktoren und die Auswirkung auf den Personalbedarf dargestellt werden.

Im Zusammenhang mit der strategischen Personalplanung in Kapitel 7 wird diese Methode ausführlich erläutert.

b) Kennzahlen-Verfahren

In diesem Verfahren werden Kennzahlen ermittelt, die einen Zusammenhang zwischen dem Personalbedarf und einer Unternehmenskennzahl herstellen. Dabei kommt es natürlich zu Unterschieden zwischen Produktions- und Dienstleistungsbetrieben.

Hier eine Auswahl definierter Kennzahlen, die in diesem Verfahren eine Rolle spielen können:

Kennzahlen der qualitativen Personalbedarfsplanung	
Arbeitsproduktivität	Arbeitsmenge zu Arbeitsstunden der Mitarbeiter
Produktivität	Output zu Input
Bruttopersonalbedarf	zukünftige Arbeitsmenge zu Arbeitsproduktivität

Kennzahlen der qualitativen Personalbedarfsplanung	
Umsatzproduktivität	Umsatz zu Arbeitsstunden der Mitarbeiter
Bruttopersonalbedarf	zukünftiger Umsatz zu Umsatzproduktivität Mit dieser Kennzahl wird häufig im Handel gearbeitet (Beispiele: Supermärkte 213 T€ Umsatz pro Mitarbeiter, Verbrauchermärkte 261 T€, SB-Warenhäuser 282–349 T€, Aldi 1.000 T€).
Andere Ansätze	Produktionsvolumen zu Fertigungsmitarbeitern umbauter Raum zu Bauarbeitern Transportkilometer zu Fuhrparkmitarbeitern Umsatz in Relation zum Kassenpersonal, zu Einkaufsmitarbeitern oder zu Vertriebsmitarbeitern
Andere Bezugsgrößen	Einzelhandel – Kundenfrequenz Versicherungen – Schadensfälle Banken – Anzahl der Konten oder Buchungsposten Buchhaltung – Anzahl der Buchungen oder Kreditoren/Debitoren Telefonie – registrierte Anrufe und deren Dauer Finanzamt – Anzahl der veranlagten Personen Schreibabteilungen – bearbeitete Schriftstücke, Anschläge pro Minute

Kennzahlen werden angewandt, wenn eine stabile Beziehung zwischen dem Personalbedarf und der jeweiligen Bezugsgröße besteht. Dabei geht es darum, nach der Ermittlung der Kennzahl bei Veränderungen auf den dann notwendigen Personalbedarf zu schließen. Dabei ist es wichtig, auf verlässliche Informationen zurückgreifen zu können. Probleme entstehen dort, wo sich die Einflussfaktoren bzw. die Parameter ändern. Das kann ständig passieren und muss bei der Kennzahl entsprechend berücksichtigt werden.

Benchmarking-Verfahren
Hat man Kennzahlen ermittelt und sind solide Informationen vorhanden, ist es möglich, diese mit vergleichbaren Unternehmen abzugleichen. Diese sogenannten Benchmarking-Verfahren können ein weiterer Baustein sein, um eine Basis für eine verlässliche Personalbedarfsplanung zu bilden.

Es wird zwischen Verfahren *innerhalb* der eigenen Branche und *branchenübergreifende* Verfahren unterschieden. Vergleiche in der eigenen Branche werden vielfach über neutrale Institutionen (Handwerkskammer, IHK oder Branchenverbände) initiiert. Sie haben den Vorteil, dass es vergleichbare Aufgaben und Positionen gibt. Der Nachteil ist, dass man in der eigenen Branche nicht sicher ist, dass die ermittelten Zahlen den Erfordernissen der Zukunft gerecht werden. Bei branchenübergreifenden Vergleichen kommt es wesentlich darauf an, dass eine gesicherte Informationsbasis gegeben ist und die Definitionen der Bezugsgröße zwischen den beteiligten Unternehmen abgestimmt sind.

c) Organisatorische Verfahren

Organisatorische Verfahren beziehen sich in erster Linie auf die Stellenplanmethode, sie werden aber auch für Benchmarking-Verfahren genutzt.

Stellenplanmethode

Die Stellenplanmethode orientiert sich an der Organisationsstruktur eines Unternehmens. Die Planung erfolgt durch jede organisatorische Einheit (Stellenplan). Der Stellenplan hat im Vergleich zu einem Organigramm den Vorteil, dass er bis auf die einzelne Stelle hinunter definiert wird. Anhand der Stellenpläne wird der Personalbedarf in die Zukunft fortgeschrieben. In der Praxis erfolgt eine Befragung der Abteilungsverantwortlichen, die unter Berücksichtigung der Umstände quantitative und qualitative Veränderungen nach ihrer Einschätzung ermitteln.

Die Stellenplanmethode ist eine einfache und viel genutzte Methode, die aber aufgrund fehlender Bezugsgrößen nur eine Schätzung erlaubt und den tatsächlichen Bedarf nicht berechnen kann. Sie kann dadurch zu falschen Entscheidungen führen. Wenn sie trotz allem genutzt wird, ist es besonders wichtig, dass die Daten permanent im System oder manuell gepflegt werden.

Abteilung: BU Schiene Gruppe:			Stellenplan					Stand: XX.XX.XXXX
Sachgebiete + Aufgaben	Tätigkeits- bezeichnung	lfd. Nr. Arbeitsplatz- beschreibung	Tarif- gruppe	Stelleninhaber	Alter	Veränderungen	Nachfolger
Leitung BU	BU-Leiter	7	AT	Fritsch, Georg	44		Bernhardt
	Sekretärin	8	K4	Weinmann, Edda	28	Stelle entfällt, MA wird versetzt	nein
Entwicklung	Leiter	9	AT		52		
	Entwicklung	10	K4	Bernhardt,	34	Interesse für Vertrieb!	
	Sekretärin	11	K5	Werner	32		
	Ingenieur	12	K5	Tiez, Emil	56		Sonntag
Konstruktion	Ingenieur	20	K8	Arnoldy, Hans	51		Backes
	Leiter	21	K6	Deromin, Elly	29		Sucic
	Konstruktion	22	K5	Luderig, Hans	42	Potenzial als Entw.- Ing.	
	Konstrukteur	23	K4	Backes, Kai	48		
Musterbau	Konstrukteur	30	K7	Sonntag, Marga	49		
	Techn. Zeichner	31	K5	Kiefer, Hanno	53		
	Leiter	32	K5	Haber, Frank		Potenzial als	
	Musterbau			Sucic, Ernst		Konstrukteur	
	Sachbearbeiter			N. N.		Neue Stelle, Suche	
	Sachbearbeiter					läuft	

Abb. 20: Beispiel für einen Stellenplan (Quelle: Gerlach, Knorr, Wickel-Kirsch 2012)

Benchmarking-Verfahren
Wie bereits im Benchmarking-Verfahren oben erläutert, ist auch anhand der Stellenpläne und/oder der Organisationsstruktur ein Vergleich innerhalb der gleichen Branche oder branchenübergreifend möglich. Diese Verfahren werden vielfach von Beratungsfirmen genutzt, um auf strukturelle Schwächen der Betriebe hinzuweisen. Durch den Vergleich der Struktur oder des Stellenplans ist es möglich, Unternehmen nachzuweisen, dass in einzelnen Bereichen der Aufbau nicht der wirtschaftlichen Notwendigkeit entspricht oder dass in Teilbereichen zu viel oder zu wenig Kapazitäten investiert sind. Diese Vergleiche können selbstverständlich auch ohne Hinzuziehung von Beratungsfirmen zwischen den einzelnen Unternehmen vorgenommen werden. Das spart mit Sicherheit Geld. In diesem Fall ist es genau wie im Vergleich der Kennzahlen entscheidend, dass die Basis und die Definitionen der Stellen präzise abgestimmt werden.

d) Monetäre Verfahren
Das am häufigsten eingesetzte monetäre Verfahren ist die Budgetierung.

Budgetierung
Die Budgetierung ist ein Standardprozess, der in Unternehmen mit dem Ziel eingesetzt wird, für künftige Aufgaben finanzielle Mittel zur Verfügung zu stellen. Das bedeutet für die Personalplanung, dass der zukünftige quantitative Soll-Personalbedarf sich aus den zur Verfügung stehenden Mitteln ableitet. Diese werden dann auf die einzelnen Bereiche aufgeteilt. Das hat sowohl Vorteile als auch Nachteile. Vorteilhaft ist, dass für die Verantwortlichen von vornherein Transparenz darüber besteht, welche Mittel zur Verfügung stehen. Des Weiteren können sie innerhalb der verfügbaren Mittel frei disponieren. Sie können zum Beispiel frei entscheiden, ob sie statt einer Vollzeitkraft zwei Halbtagskräfte einstellen oder statt zwei teuren Mitarbeitern drei preiswertere Kräfte rekrutieren. Nachteilig kann sich in jedem Fall auswirken, dass der Personalbedarf durch die Kosten limitiert ist und dadurch nicht sichergestellt werden kann, dass die erforderliche Qualität für die notwendige Leistungserstellung zur Verfügung gestellt wird.

Im Folgenden sind die Funktionen der Budgetierung aufgeführt.

Planungsgrundlage
- Autorisierung (innerhalb des Rahmens frei verfügbar)
- Koordination (Aufteilung auf die Bereiche und dadurch Kontrolle der Verantwortlichen)
- Motivation/Disziplinierung (Ziele müssen im Rahmen des Budgets erreicht werden)

Der Ausgangspunkt dieses Planverfahrens sind die zur Verfügung gestellten Mittel. Sie müssen ausreichen, den künftigen Personalbedarf zu decken. Erforderlich sind dafür auch Annahmen darüber, wie sich Löhne/Gehälter im Planungszeitraum entwickeln werden (Umgruppierungen, Gehaltserhöhungen oder tarifliche Entwicklungen). Eine weitere Besonderheit sind die gegebenenfalls vorhandenen Leiharbeiter, deren Bezahlung über das Sachkostenbudget erfolgt. Auch hier muss im Rahmen der Budgets geplant werden.

Gemeinkostenwertanalyse

Da das Verfahren der Budgetierung im Rahmen der Personalplanung vielfach auch in Situationen eingesetzt wird, in denen das Unternehmen ein Kostenproblem hat, wird im Zusammenhang damit oft das Instrument der Gemeinkostenwertanalyse in Anspruch genommen. Hierbei werden alle Leistungen einer kritischen Prüfung unterzogen (Ausnahme: gesetzlich vorgeschriebene). Ausgehend von einer Kosten-Nutzen- sowie einer Stärken-Schwächen-Analyse der Gemeinkosten werden für die einzelnen Leistungen alternative Lösungen gesucht, um die Kosten zu reduzieren. Beratungsunternehmen nutzen Vergleiche mit anderen Unternehmen, um zu verdeutlichen, wo die Schwachpunkte in den untersuchten Prozessen liegen.

Zero-Base-Budgeting

Ein weiteres monetäres Verfahren ist das Zero-Base-Budgeting. Im Gegensatz zur Budgetierung geht der Planer hier von einer Nullbasis aus, bei der keine finanziellen Mittel zur Verfügung stehen. Jede einzelne Tätigkeit muss neu begründet werden. Erst bei einer Genehmigung werden die Tätigkeiten zu Stellen zusammenfasst und monetär bewertet. Erst dann ist ein neues Budget vorhanden.

e) Personalbemessungsverfahren

Personalbemessungsverfahren eignen sich für die quantitative Personalbedarfsplanung in erster Linie in Bereichen der Verwaltung und der Produktion, die mengenabhängig sind, insbesondere wenn die Tätigkeiten kontinuierlich anfallen und mindestens teilstandardisiert sind. Im Fokus stehen hier die Häufigkeit einer Tätigkeit sowie die Ausführungszeit. Dabei kommen insbesondere zwei Methoden in Frage:

- Rosenkranzformel
- Selbstaufschreibung

Die folgende Abbildung zeigt eine allgemeine Formel zur Personalbemessung:

$$PB = \frac{\displaystyle\sum_{i=1}^{n} M_i \times Z_i}{VAZ}$$

mit:
PB   ... Personalbedarf
i, n   ... Laufindex, Menge der Tätigkeit
M   ... Menge
Z   ... Zeitbedarf für die einmalige Ausführung
VAZ ... Verfügbare Arbeitszeiten je Mitarbeiter

Abb. 21: Formel zur Personalbemessung allgemein (Quelle: Bartscher et al. 2012, S. 214)

Die aufgeführte Formel hat folgende Grundstruktur:

$$\text{Personalbedarf} = \frac{\text{Arbeitsmenge} \times \text{Zeitbedarf pro Arbeitseinheit}}{\text{Arbeitszeit pro Mitarbeiter}}$$

Es geht immer darum zu wissen, welche Zeit man für welche Leistung benötigt. Zu der normalen Arbeitszeit werden die Fehlzeiten als eine Art Zuschlag zusätzlich berücksichtigt. Die Arbeitsmenge ergibt sich je nach Tätigkeitsbereich (Produktion, Fertigung, Verwaltung) über entsprechende Messungen. So gibt es zum Beispiel die **Selbstaufschreibung**. Dabei müssen die Mitarbeiter über einen gewissen Zeitraum alle vorkommenden Tätigkeiten nach ihrer Art, Häufigkeit und Dauer in vorgeschriebene Blätter eintragen. Der Zeitbedarf pro Arbeitseinheit erfordert exakte Arbeitsanalysen. Diese werden nicht von der Personalabteilung durchgeführt, sondern von internen oder externen Spezialisten. Allerdings ist es erforderlich, dass auch der Personaler Kenntnisse davon besitzt, wie der Personalbedarf erhoben wird. Es geht hier nicht nur um die Bearbeitungszeit, sondern darüber hinaus auch um die sogenannte Rüstzeit, die benötigt wird, um die erforderlichen Arbeitsmittel auf den Einsatz vorzubereiten. Des Weiteren wird die Verteilzeit erhoben, die benötigt wird, um eventuelle Störungen im Ablauf aufzufangen. Ein weiterer Faktor ist die Erholungszeit, die Mitarbeiter brauchen, um die Arbeitsanforderungen im Laufe des Arbeitstages zu erfüllen. Die Erholungszeit wird zumeist als Aufschlag der Bearbeitungszeit zugeschlagen. Die Methoden werden nun im Einzelnen betrachtet.

Zeiterfassung nach REFA

Die REFA-Methode[4] wird dann angewendet, wenn Arbeitsschritte, Arbeitsmethoden und Arbeitsbedingungen gleichbleiben. Diese Methode ist deswegen in erster Linie für den Fertigungsbereich geeignet und insbesondere für die unmittelbare Anwendung, also für die kurzfristige Bemessung, und weniger

---

4   Vgl. REFA – Verband für Arbeitsgestaltung, Betriebsorganisation und Unternehmensentwicklung e. V.

für die mittel- bzw. langfristige Prognose. Es beginnt mit der Zerlegung des Arbeitsablaufes in Arbeitsvorgänge bzw. Arbeitsschritte. Dann wird die Qualifikation der Mitarbeiter für diese Schritte festgelegt. Als Nächstes erfolgt die Messung der Zeit für jeden dieser Schritte. Daraus wird der durchschnittliche Leistungsfaktor aller Mitarbeiter ermittelt. Neben der Ausführungszeit werden die Rüstzeit, die Bereitschaftszeit, die Wegezeiten und die Erholungszeiten berücksichtigt. Aus all dem wird dann eine Normalleistung errechnet, die dem Unternehmen als Referenzgröße dient. Negative oder positive Abweichungen von der Normalleistung können je nach Betriebsvereinbarung monetär berücksichtigt werden.

Die REFA-Methode ist nicht unumstritten. Insbesondere bei den Arbeitnehmervertretungen wird sie sehr kritisch betrachtet. Man sieht darin in erster Linie ein mechanistisches Menschenbild, das mit dem Bild von qualifizierten, selbstständigen und kompetenten Mitarbeitern nur schwer in Einklang zu bringen ist.

z.B. Personalbedarfsermittlung mittels REFA-Methode

- ▸ Zerlegung des Arbeitsablaufs in seine Arbeitsvorgänge
- ▸ Festlegung der Qualifikation der MA für diese Arbeitsvorgänge
- ▸ Messung der Zeit für jeden Arbeitsvorgang
- ▸ Ermittlung des durchschnittlichen Leistungsfaktors aller MA
- ▸ Neben der Ausführungszeit werden Rüst-, Bereitschafts-, Wege- und Erholzeiten zusätzlich berücksichtigt.

- ▸ Güte umso höher – je eher zukünftig die gleichen Verhältnisse gegeben sind, wie sie bei der Zeitmessung gültig waren
– je weniger sich die Arbeitsabläufe verändern

Anwendung: – überwiegend im Fertigungsbereich
– kurzfristig, mehr zur unmittelbaren Personalbemessung, weniger zur Prognose geeignet

Abb. 22: Zeiterfassung nach REFA (Quelle: nach Müller/Seibt 1986)

1) Errechnung Arbeitszeit eines Mitarbeiters

Bruttoarbeitszeit	= Ø Arbeitszeit während eines Jahres
./. Verteilzeiten	= Zeiten der Nichttätigkeit (sachlich/persönlich)
./. Ausfallzeiten	= Krankheit, …
= Nettoarbeitszeit	= Bruttoarbeitszeit ./. (Σ Verteil-/Ausfallzeiten)

2) Errechnung Gesamtarbeitszeitbedarf auf Basis REFA Erhebungen
   a. Fallzahlen p.a. x Ø Bearbeitungszeit pro Vorgang = Jahreszeitbedarf pro Vorgang
   b. Σ Vorgänge = vorläufiger Gesamtarbeitsbedarf für alle Vorgänge
   c. vorl. Gesamtarbeitsbedarf + Verteil-/Ausfallzeit = endgültiger Gesamtarbeitsbedarf

3) Errechnung Anzahl Mitarbeiter bzw. Stellenbedarf
   Gesamtarbeitszeitbedarf / Nettoarbeitszeit eines Mitarbeiters

Abb. 23: Mitarbeiterbedarf auf Basis der REFA-Zeiterfassung (Beispiel) (Quelle: nach Müller/ Seibt 1986)

Beispielhafte Ermittlung:

Jährliche Betriebszeit:

365 Jahrestage
– 104 Wochenendtage
– 11 Feiertage (an Wochentagen)
250 Arbeitstage (Bruttoarbeitszeit)
(= 100 % => 1 Tag = 0,4 %)

Verteil- und Ausfallzeiten:

30 Tage Urlaub gemäß Tarifvertrag	12,0 %
3 Tage sonstiger Urlaub	1,2 %
5 Tage Fortbildung	2,0 %
10 Tage Fehlzeiten (Krankheit, Kur)	4,0 %
1 Tag Freistellung (z.B. für Betriebsrat)	0,4 %
49 Tage (durchschnittliche Abwesenheit)	19,6 %

Abb. 24: Ermittlung der Betriebszeit sowie von Verteil- bzw. Ausfallzeiten (Quelle: nach Müller/Seibt 1986)

Zeitschätzung und Selbstaufschreibung

Diese Methode der Bemessung ist sehr ungenau. Sie wird dann eingesetzt, wenn keine anderen Verfahren möglich sind oder der Zeitaufwand für die Einführung und Durchführung unangemessen hoch ist. Sie beruht in erster Linie auf der Erfahrung der Beteiligten und benötigt eine sehr gute Kenntnis über die einzelnen Arbeitsschritte.

Die Rosenkranzformel

Die Rosenkranzformel eignet sich insbesondere für die Analyse von Verwaltungstätigkeiten, bei denen es keinen direkten Bezug zum Personalbedarf gibt. Dabei wird in erster Linie eine Bemessung anhand der Menge von Geschäftsvorfällen vorgenommen. Wobei auch die Bearbeitungszeit eine erhebliche Rolle spielt. Um zur Ermittlung des Personalbedarfs zu gelangen, müssen mehrere Faktoren berücksichtigt werden:

- der Personalbedarf
- die durchschnittliche Menge der Tätigkeiten pro Monat
- die durchschnittliche Zeit pro Tätigkeit
- die tariflich vereinbarte Zeit pro Monat
- Zeit für Verschiedenes
- ein notwendiger Verteilzeit-Faktor
- der tatsächliche Verteilzeit-Faktor

$$PB = \frac{\sum m_i \cdot t_i}{T} \cdot f_{NVZ} + \frac{tv}{T} \cdot \frac{f_{NVZ}}{f_{TVZ}}$$

PB = Personalbedarf
m_i = durchschnittliche Menge der Tätigkeiten der Kategorie pro Monat
t_i = durchschnittliche Zeit (in Stunden) pro Tätigkeitskategorie i
T = tarifliche Vertragliche Arbeitszeit pro Person/Monat
tv = Zeit für »Verschiedenes« (Tätigkeiten für die keine Zeitaufnahme vorliegt)
f_{NVZ} = Notwendiger Verteilzeit-Faktor besteht aus:
    f_{NAZ} = Faktor für Nebenarbeiten (z.B. Besucher, Störungen, etc.)
    f_{EZ} = Faktor für Ermüdung und Erholung
    f_{AUZ} = Faktor für Ausfallzeiten (Krankheit, Fehlzeiten, Urlaub)
f_{TVZ} = Tatsächlicher Verteilzeit-Faktor

Abb. 25: Die Rosenkranzformel I (Quelle: Wimmer/Neuberger 1998, S.75ff.)

In einer Abteilung arbeiten zur Zeit 20 Arbeitskräfte mit je 130 Std./Monat (= T)

Tätigkeit	Häufigkeit (m_i)	Zeit (t_i) in Stunden	$m_i t_i$
Kundenkontakte	200	2,1	420
Angebote erstellen	1000	0,8	800
Reklamationen beantworten	40	0,3	12
Summe $\sum m_i \cdot t_i$			1.232
Nicht erfasste Tätigkeiten (tv)			200

Es werden folgende Verteilzeitfaktoren angenommen:

$f_{NAZ} = 1,3$
$f_{EZ} = 1,12$ $\Big\}$ $f_{NVZ} = 1,72$ (errechnet durch Multiplikation der 3 Faktoren)
$f_{AUZ} = 1,18$

Abb. 26: Die Rosenkranzformel II (Quelle: Wimmer/Neuberger 1998, S.75ff.)

$$f_{TVZ} = \frac{T \cdot (Zahl\ der\ ANehmer) - tv}{\sum m_i t_i}$$

$$f_{TVZ} = \frac{30 \cdot 20 - 200}{1232} = \underline{1,948}$$

$$PB = \frac{\sum m_i \cdot t_i}{T} \cdot f_{NVZ} + \frac{tv}{T} \cdot \frac{f_{NVZ}}{f_{TVZ}}$$

$$PB = \frac{1232}{130} \cdot 1,72 + \frac{200}{130} \cdot \frac{1,72}{1,948} = 16,3 + 1,36 = \underline{\underline{17,65}}$$

Kritikpunkte an der Formel:

Nicht berücksichtigt werden
- Qualitäts- und Qualifikationsansprüche
- Fluktuationsquote

Außerdem:
- Homogenität der Arbeitskräfte wird unterstellt
- Für die nicht erfassten Tätigkeiten wird eine Produktivität unterstellt

Resultat:
Es sind momentan 20 AN beschäftigt.
Benötigt werden aber nur 18 (17,65).
Es können 2 Arbeitnehmer freigesetzt werden.

Abb. 27: Die Rosenkranzformel III (Quelle: Wimmer/Neuberger 1998, S.75ff.)

f) Statistische Verfahren

Bei den statistischen Verfahren werden im Folgenden nur die **Trendextrapolation** und die **Regressions- bzw. Korrelationsrechnung** vorgestellt. Szenario-Techniken werden in Kapitel 7.4.5 aufgegriffen.

Trendextrapolation

Die Trendextrapolation ist für mengenabhängige Produktions- und Verwaltungsbereiche geeignet, wenn die Tätigkeiten teilstandardisiert sind und die Teilaufgaben kontinuierlich anfallen. Die wesentlichen Einflussgrößen auf den Kapazitätsbedarf (z.B. Gehaltsabrechnungen, Eingangsrechnungen, laufende Beiträge oder Produkte) werden in die Zukunft fortgeschrieben. Es wird also angenommen, dass der Trend der Vergangenheit in die Zukunft fortgeschrieben werden kann. Dies kann nur unter der Voraussetzung geschehen, dass die Gegebenheiten einen stabilen Trend aufweisen.

Korrelations- bzw. Regressionsrechnung

Aus der Entwicklung bestimmter Bezugsgrößen wird automatisch auf den zu erwartenden Personalbedarf geschlossen. Das heißt, zwischen der gewählten Bezugsgröße und dem Personalbedarf muss ein eindeutiger mathematischer Beziehungszusammenhang bestehen. Bezugsgrößen können Verkaufsflächen, die Anzahl bestimmter Filialtypen oder die Anzahl der Kassen sein.

4.1.3 Bewertung der einzelnen Verfahren

Abschließend werden die vorgestellten Verfahren der quantitativen Personalbedarfsplanung zusammenfassend bewertet.

a) Schätzverfahren

Sie werden eingesetzt, wenn die Arbeitsanforderungen sowohl quantitativ als auch qualitativ und zeitlich variieren. Diese Verfahren werden oft und gerne genutzt, weil sie einfach einzusetzen sind und der erforderliche Aufwand überschaubar ist. Es besteht die Gefahr, dass die Schätzungen zu großzügig ausfallen.

b) Kennzahlen-Verfahren

Aufgrund der starken Vergangenheitsorientierung dieser Verfahren sind die Ergebnisse erfahrungsgemäß häufig wenig aussagekräftig. Erst durch eine Nachbearbeitung kann man zu brauchbaren Resultaten kommen.

c) Organisatorische Verfahren

Ihre Einsetzbarkeit hängt stark von der Pflege der Systeme ab. Da die Orientierung am Stellenplan immer vom Status quo ausgeht, muss sichergestellt sein, dass alle zukünftig geplanten Veränderungen erfasst werden. Nur dann macht ein derartiges Verfahren Sinn.

d) Monetäre Verfahren

Der Nutzen dieser Verfahren besteht unter anderem darin, dass die Eigenverantwortung der Führungskräfte betont wird. Die Steuerung über Geld kann aber auch der falsche Ansatz sein, wenn es um Qualität geht. Monetäre Verfahren werden vielfach in Krisenzeiten von Unternehmen eingesetzt.

e) Personalbemessungsverfahren

Bemessungsverfahren erfordern kontinuierliche Arbeitsabläufe. Bei heterogenem Aufgabenanfall stößt das Verfahren an seine Grenzen. Die benutzten Formeln suggerieren eine Exaktheit, die in der Unternehmenspraxis häufig nicht gegeben ist.

f) Statistische Verfahren

Da sich statistische Verfahren an der Vergangenheit orientieren, besteht die Gefahr, dass begangene Fehler in die Zukunft fortgeschrieben werden.

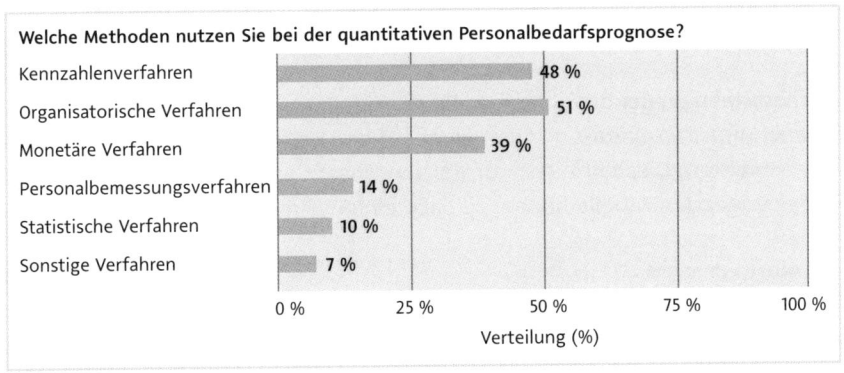

Welche Methoden nutzen Sie bei der quantitativen Personalbedarfsprognose?

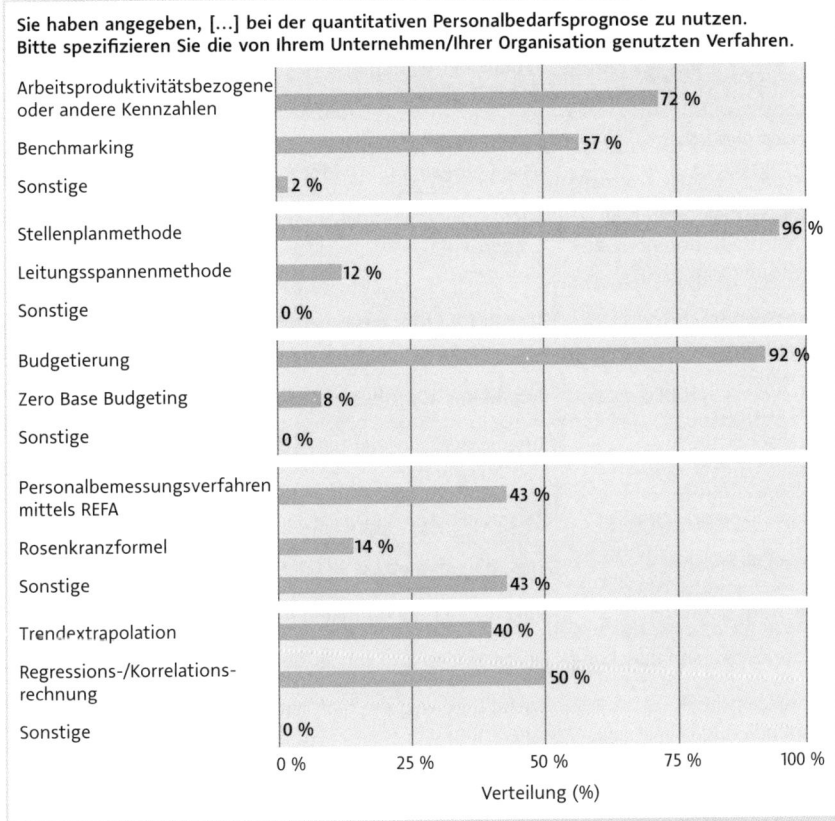

Sie haben angegeben, [...] bei der quantitativen Personalbedarfsprognose zu nutzen. Bitte spezifizieren Sie die von Ihrem Unternehmen/Ihrer Organisation genutzten Verfahren.

Abb. 28/29: Eingesetzte Methoden und Verfahren der quantitativen Personalplanung (Matrixfrage mit Einfachauswahl ja/nein; Mehrfachauswahl; Filterfragen) (Quelle: Studie Personalplanung 2017, S. 12)

4.1.4 Personalkennzahlen

Auch im Rahmen der quantitativen Personalbedarfsplanung sollte man aus Effizienz- und Transparenzgründen nicht auf den Einsatz von Personalkennzahlen verzichten. Dies gilt nicht nur für den Einsatz von Kennziffern-Verfahren. In der folgenden Tabelle finden Sie dazu einige Beispiele:

Personalkennzahlen	
Frühfluktuationsquote	Anzahl der Kündigungen innerhalb von sechs Monaten zu Anzahl Zugänge pro Jahr × 100
Ordentliche Abgangsquote	Anzahl ordentlicher Kündigungen pro Jahr zu Gesamtabgänge pro × 100
Ordentliche Abgangsquote nach Beschäftigungsdauer	Summe der Dienstjahre von Mitarbeitern mit ordentlicher Kündigung zu Gesamtabgängen pro Jahr
Außerordentliche Abgangsquote	Anzahl außerordentlicher Kündigungen pro Jahr zu Gesamtabgängen pro Jahr × 100
Frühpensionierungen im Verhältnis zu ordentlichen Pensionierungen	Anzahl Frühpensionierungen zu Anzahl Pensionierungen × 100
Durchschnittliche Frühpensionierungskosten	Kosten für Frühpensionierungen (Abfindungszahlungen usw.) zu Anzahl von Frühpensionierungen
Anteil der Auszubildenden	Anzahl der Auszubildenden zu Anzahl aller Mitarbeiter
Durchschnittliche Betriebszugehörigkeit	Summe der Jahre der Betriebszugehörigkeit zu Anzahl aller Mitarbeiter
Personalkostenintensität	Personalkosten zu Umsatz × 100
Personalintensität	Personalaufwand zu Gesamtaufwand × 100
Überstundenquote	Überstunden zu normalen Arbeitsstunden × 100
Quote der Personaldeckung	Einstellungen zu Zahl der benötigten Mitarbeiter × 100
Ausfallzeit durch Krankheitstage	Ausfalltage wegen Krankheit zu Zahl der Arbeitstage × 100
Verbleibensquote	Zahl der während eines Jahres eingestellten und noch vorhandenen Mitarbeiter zu Zahl der eingestellten Mitarbeiter eines Jahres
Belegschaftsstärke	Ist-Belegschaft × 100 zu Soll-Belegschaft
Führungsspanne	Anzahl der unterstellten Mitarbeiter pro Führungskraft
Anzahl unbesetzter Stellen	Verhältnis offener Stellen zur Gesamtzahl der Stellen × 100

Personalkennzahlen	
Überstundenquote	Anzahl der Überstunden zu Anzahl der Vollzeitkräfte
Qualifikationsstruktur	Anzahl der Beschäftigten einer definierten Subgruppe zu allen Beschäftigten × 100
Frauenquote	Anzahl weiblicher Beschäftigter zu Gesamtzahl Beschäftigte × 100
Frauenquote in Führungspositionen	Anzahl weiblicher Führungskräfte zu Anzahl aller Führungskräfte × 100

4.2 Qualitative Personalbedarfsplanung

Im Gegensatz zur quantitativen Personalbedarfsplanung liegt der Schwerpunkt der qualitativen Personalbedarfsplanung auf der geforderten Qualität, mit der Mitarbeiter die zu bewältigenden Aufgaben erfüllen können. Das Ziel ist die Feststellung des zukünftigen Bedarfs an Know-how entsprechend der Entwicklung des Marktes und damit auch der Entwicklung der Produkte oder Dienstleistungen eines Unternehmens.

In diesem Abschnitt geht es weiterhin um die operative Ebene der Personalplanung (die strategische Ebene wird in Kapitel 7 betrachtet). Das bedeutet, dass im Mittelpunkt der Betrachtung der Mitarbeiter und seine Leistung steht. Um hier die Qualität ausreichend beurteilen zu können, müssen die Unternehmen Informationen über die Berufserfahrung, die Leistungsfähigkeit, das Leistungspotenzial, das Können und das Wollen des Mitarbeiters haben.

Dazu sind drei Schritte erforderlich:
- Schritt 1: Es müssen die Leistungen festgelegt werden, die künftig erwartet werden.
- Schritt 2: Es müssen die Anforderungen definiert werden, die für die Erbringung der Leistungen erforderlich sind.
- Schritt 3: Daraus abgeleitet, müssen die erforderlichen Qualifikationen definiert werden, um den Anforderungen gerecht zu werden.

Für die qualitative Personalbedarfsplanung benötigen Sie Instrumente wie zum Beispiel die Stellenbeschreibung, Anforderungsprofile, Leistungsbeurteilung, Mitarbeitergespräche oder auch die Stellenbewertung. Diese Instrumente werden im Folgenden behandelt. Darüber hinaus beschäftigt sich dieses Kapitel mit dem Aufbau der Kompetenzen und Qualifikationen des Mitarbeiters.

4.2.1 Qualifikationen und Kompetenzen des Mitarbeiters

Für jede Stelle gibt es eine Vielzahl von Qualifikationen. Sie müssen nicht alle bekannt sein, wichtig ist aber, dass die Qualifikationen festgelegt werden, die für die Anforderungen an eine bestimmte Stelle benötigt werden (s. o. Schritt 3). Dafür muss offengelegt werden, welches Wissen und Können ein Mitarbeiter besitzt, also welche der geforderten Qualifikationen er bereits erfüllt. Wenn man auf der einen Seite die Anforderungen der betreffenden Stelle hat und auf der anderen Seite die Qualifikationen des Mitarbeiters, ist es einfach, einen Abgleich zu machen und so festzustellen, wo die Differenzen sind.

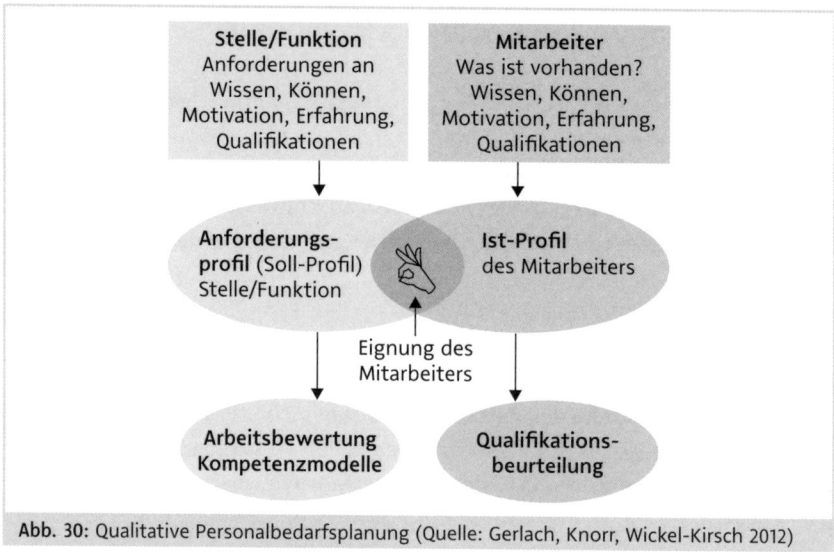

Abb. 30: Qualitative Personalbedarfsplanung (Quelle: Gerlach, Knorr, Wickel-Kirsch 2012)

Im Verlauf der Personalbedarfsplanung ist es insbesondere beim qualitativen Teil sehr wichtig, zügig die Entwicklung des Marktes und damit die Erfordernisse an die eigenen Produkte zu prognostizieren, um damit auch die qualitativen Erfordernisse an das Wissen und Können der Mitarbeiter vorher zu bestimmen. Man erkennt dann sehr schnell, welche der Qualifikationen auch künftig noch benötigt werden, welche neuen dazukommen und welche der alten nicht mehr gebraucht werden.

Qualifikation und Kompetenz im Vergleich	
Die Begriffsbestimmung ist eher ungenau, denn hier werden objekt- und subjektbezogene Fähigkeiten vermengt. Das wird deutlich, wenn man den Begriff Qualifikation gegen den Begriff Kompetenz abgrenzt.	
Qualifikation	**Kompetenz**
ist fremdorganisiert, also auf die Erfüllung vorgegebener Zwecke gerichtet	ist die Fähigkeit, sich selbst zu organisieren
ist objektbezogen, d.h. beschränkt sich auf die Erfüllung konkreter Anforderungen	ist subjektbezogen
ist auf unmittelbare tätigkeitsbezogene Kenntnisse, Fertigkeiten und Verhaltensweisen verengt	bezieht sich auf die ganze Person
ist auf individuelle Fähigkeiten bezogen, die nach fixierten Regeln bescheinigt werden können	beinhaltet individuelle Absichten und Werte

Abb. 31: Qualifikation und Kompetenz im Vergleich (Quelle: nach Heyse/Erpenbeck 2004, S. XVI; Bröckermann 2012)

Insgesamt bleibt festzuhalten, dass es für ein Unternehmen wichtig ist, ein Kompetenztableau (siehe Kapitel 7) für das Unternehmen zu bilden, in dem alle für die gebildeten Stellen erforderlichen Qualifikationen aufgeführt sind.

Im Rahmen der Qualifikation ergeben sich für die Personalplanung weitere Fragen:

- Wie kann das erforderliche Know-how aufgebaut werden?
- Gibt es intern bereits genügend Know-how-Träger?
- Wie können wir qualifizieren (intern/extern)?
- Müssen wir Versetzungen vornehmen?
- Benötigen wir externe Spezialisten?
- Ist das Know-how ausreichend am Markt vorhanden?

4.2.2 Anforderungsprofil

Damit eine Stelle qualifikationsgerecht besetzt wird, werden in vielen Unternehmen Anforderungsprofile erstellt. Sie dienen sowohl dem Unternehmen als auch den internen und externen Interessenten. Sie zeigen auf, welche Anforderungen für diese Stelle erforderlich sind. Dabei wird festgelegt, welche fachlichen und persönlichen Anforderungsmerkmale zur Grundvoraussetzung für die Besetzung der Stelle gehören. Anforderungsprofile werden im Idealfall auf Basis einer Stellenbeschreibung entwickelt. Es wird festgelegt, welches die ideale Besetzung für die zu bestimmende Position ist. In der Regel wird ein Formblatt zur Verfügung gestellt, in das die für die Stelle wichtigen Kriterien eingetragen werden. Die Größenordnung sollte überschaubar sein (10–15 Kriterien). Die Festlegung der Anforderungskriterien erfolgt in Abstimmung zwischen der Personalabteilung und der jeweiligen Fachabteilung. Eine Überprüfung sollte in regelmäßigen Abständen, etwa alle 12 bis 18 Monate, erfolgen.

Ein Anforderungsprofil sollte die folgenden Merkmale enthalten:

- Bezeichnung der Position
- Hauptaufgaben
- Tätigkeitsumfang
- Gehaltsrahmen und Einstiegsgehalt
- Qualifikationsmerkmale (Schulausbildung, Berufsausbildung, Studium, Berufserfahrung)
- zusätzliche Kenntnisse (IT, Sprachen usw.)
- Möglichkeiten der internen Weiterentwicklung
- Verhaltensmerkmale (Führung-, Sozial-, Arbeitsverhalten)
- Differenzierung je nach Positionsunterscheidung (Junior, Normal, Senior).

Im Anforderungsprofil werden auch Möglichkeiten zur Entwicklung innerhalb des Profils aufgezeigt. Das ist sowohl für die Mitarbeiter positiv (Transparenz) als auch für das Unternehmen, dem hiermit die Möglichkeit gegeben wird, die einzustellenden oder zu versetzenden Mitarbeiter entsprechend ihrer Entwicklung einzusetzen und zu bezahlen. Das Anforderungsprofil wird also in folgenden Situationen eingesetzt:

- bei der Personalsuche
- bei Vorstellungsgesprächen bzw. der Bewerberauswahl
- bei Qualifikations- und Potenzialgesprächen
- bei Mitarbeitergesprächen
- bei Eingruppierungen

Auf der mybook-Seite zum Buch unter mybook.haufe.de finden Sie ein ausführliches Anforderungsprofil.

4.2.3 Stellenbeschreibung

Die Stellenbeschreibung ist die Beschreibung einer Arbeitsstelle. Sie erfolgt personenneutral und liegt schriftlich vor. Sie enthält folgende Kriterien:

- Aufgaben
- Arbeitsziele
- Arbeitsinhalte
- Kompetenzen
- Beziehungen zu anderen Stellen

Im Gegensatz zum Anforderungsprofil richtet sich die Stellenbeschreibung nicht an einen potenziellen Bewerber oder Interessenten. Sie muss präzise formuliert sein, um dem Stelleninhaber eindeutig auf seine Aufgaben, seine Befugnisse, seine Pflichten und auch seine Ziele hinzuweisen. Inhaltlich sollten folgende weitere Faktoren in die Stellenbeschreibung aufgenommen werden:

- Bezeichnung
- organisatorische Einordnung
- Stellvertretung
- Tätigkeitsbeschreibung

Für Führungskräfte sind Stellenbeschreibungen ein wichtiges Instrument zur Dokumentation der jeweiligen Stellen und der gesamten Stellenstruktur. Sie bilden die objektive Basis für die Leistungsbeurteilung und somit die Grundlage für die qualitative Bedarfsermittlung. Daneben werden Stellenbeschreibungen genutzt, um beim Erstellen von Arbeitszeugnissen transparent darzulegen, welches Aufgabengebiet, welche Kompetenzen, welche Verantwortlichkeit und welche Ziele dem Stelleninhaber zugeordnet sind. Darüber hinaus lässt sich auf Grundlage der Stellenanforderungen festlegen, welche Fortbildungs- und Qualifizierungsschritte für den Mitarbeiter erforderlich sind. Die Formulierung der Stellenbeschreibung erfolgt meistens in Abstimmung zwischen dem Stelleninhaber und seinem Vorgesetzten. Aber wie jedes Instrument hat auch die Stellenbeschreibung sowohl Vorteile als auch Nachteile.

Die Vorteile sind:
- Transparenz der Aufgaben, Kompetenzen und Verantwortlichkeiten
- infolge der Transparenz: Vermeidung von Kompetenzstreitigkeiten
- klare und eindeutige Basis für Ausschreibungen, Neubesetzungen und Personalentwicklungsmaßnahmen.

Die Nachteile sind:
- klare Fixierung auf die beschriebenen Tätigkeiten
- fehlende Flexibilität, damit wenig geeignet für agile Organisationsformen
- hoher Zeit- und Organisationsaufwand (Kosten!)
- Förderung des Kästchendenkens und der Bereichsaufstiege, die Ressortdenken begünstigen und bereichsübergreifendes Denken tendenziell verhindern

Zusammenfassend bleibt festzuhalten, dass die Stellenbeschreibung ein Instrument ist, das in stabilen Organisationen hilft, Strukturen transparent darzustellen, eine klare Aufgabenabgrenzung aufzuzeigen, die Verantwortlichen zu unterstützen, Ausschreibungen und Zeugnisse zu verfassen sowie Entwicklungsmaßnahmen in die Wege zu leiten.

	Stellenbeschreibung		Organisationseinheit
Stellenbezeichnung		Anzahl Stelleninhaber Vollzeit Teilzeit	Tarifgruppe
Stellenbezeichnung des direkten Vorgesetzten			
Direkt unterstellte Stellen (Stellenbezeichnung und Mitarbeiteranzahl)			
Der Stelleninhaber vertritt		Der Stelleninhaber wird vertreten	
Vollmachten, Berechtigungen			
Aufgabenstellung (Hier sind in Kurzform die wesentlichen Aufgaben aufzuführen. Außerdem soll der geschätzte prozentuale Zeitanteil der einzelnen Aufgaben angegeben werden)			
Lfd. Nr.			Z-Anteil in %
Beschreibung der fachlichen Tätigkeiten, die der Stelleninhaber zur Erfüllung der Aufgaben selbständig auszuführen hat.			
Lfd. Nr.	Der Stelleninhaber		
Hinweis für den Stelleninhaber Durch diese Stellenbeschreibung sind ihre wesentlichen Aufgaben und Kompetenzen verbindlich festgelegt. Sie sind verpflichtet, in diesem Rahmen selbständig zu handeln und zu entscheiden. Sie müssen ihren Vorgesetzten umgehend informieren, wenn sich in ihrer Tätigkeit wesentliche Abweichungen von der Beschreibung ergeben haben			
	Stelleninhaber	Direkter Vorgesetzter	Geschäftsführung
Datum Zeichen			

Abb. 32: Beispiel für eine Stellenbeschreibung (Quelle: Gerlach, Knorr, Wickel-Kirsch 2016)

4.2.4 Stellenplan

In größeren Unternehmen bildet der Stellenplan das gesamte Organigramm ab, heruntergebrochen bis auf die einzelne Stelle. Vielfach wird der Stellenplan nur als Liste generiert. Die grafische Aufbereitung zu einem Organigramm hilft, die Verantwortlichen und Zuständigkeiten auf einen Blick zu erkennen. Der Stellenplan sollte Folgendes beinhalten:

- Bezeichnung der Stelle
- Qualifikationsanforderungen
- Eingruppierung der Stelle (Entgelt)

Grundlage des Stellenplans ist das Budget und der daraus gebildete Personalbedarf. Der Plan beinhaltet also besetzte und freie Stellen. In vielen Stellenplänen sind auch die Namen der Stelleninhaber zu finden. Auf dieser Basis kann ein neues Budget aufgebaut werden. Man hat auf der einen Seite die freien Stellen, die mit einem marktgerechten Preis bewertet werden, und auf der anderen Seite die besetzten Stellen, die mit dem Entgelt des jeweiligen Stelleninhabers bewertet werden. Daraus ergibt sich dann mit den entsprechenden Veränderungen (Tarif, Markt usw.) ein neues Budget.

4.2.5 Leistungsbeurteilung

Die Leistungsbeurteilung ist ein Führungsinstrument, das der Beurteilung der Leistung und des Leistungsverhaltens von Mitarbeitern und Führungskräften dient. Es ist ein Führungsinstrument, das für die Steuerung von Leistungsprozessen benötigt wird und darüber hinaus dazu beiträgt, den Planungsprozess im Unternehmen zu unterstützen. In der Leistungsbeurteilung werden die erbrachten Leistungen und das Leistungsverhalten der Mitarbeiter anhand von Informationen hinterfragt und bewertet. Im Gegensatz zur Potenzialanalyse (siehe Kapitel 7.4.4) spricht man hier von einer Vergangenheitsorientierung. Der Prozess der Leistungsbeurteilung vollzieht sich in einem regelmäßigen Turnus, zum Beispiel im Rahmen der jährlichen Mitarbeiterbeurteilungen. Er kann aber auch anlassbezogen erfolgen, zum Beispiel aus Anlass eines Projektabschlusses oder eines Vorgesetztenwechsels. Es gibt verschiedene Arten der Leistungsbeurteilung:

- **Selbstbeurteilung:** Sie dient den Mitarbeitern als Basis für das Mitarbeitergespräch mit dem Vorgesetzten. Dabei beurteilt der Mitarbeiter seine eigenen Leistungen, seine Stärken, Schwächen und Kompetenzen selbst. Des Weiteren können durch die Selbstbeurteilung Weiterbildungsbedarfe und Leistungsverbesserungen aufgezeigt werden.
- **Abwärtsbeurteilung:** Dies ist die traditionelle Leistungsbeurteilung durch den Vorgesetzten.
- **Seitwärtsbeurteilung:** Bei dieser gleichgestellten Beurteilung wird der Mitarbeiter durch eine Anzahl hierarchisch ebenbürtiger Mitarbeiter eingeschätzt.
- **zweistufiges Verfahren:** Dieses Verfahren wird vielfach bei einer Projekt- oder Gruppenarbeit eingesetzt. Der Betroffene wird zunächst durch seine Kollegen und dann durch den Vorgesetzten beurteilt.
- **Aufwärtsbeurteilung:** In diesem Fall wird der Vorgesetzte durch seinen Mitarbeiter beurteilt, insbesondere hinsichtlich seiner Führungsaufgaben.
- **360-Grad-Feedback:** Hier gibt es eine Rundum-Beurteilung. Der Betroffene wird dabei nicht nur durch seinen Vorgesetzten und seine Mitarbeiter beurteilt, sondern darüber hinaus auch durch gleichgestellte Kollegen und Leistungsempfänger (intern/extern).

Das Prozedere einer Leistungsbeurteilung erfolgt anhand eines strukturierten Formulars. Es beinhaltet sowohl Leistungskriterien (Qualität, Quantität, erreichte Ziele) als auch Merkmale des Leistungsverhaltens (Selbstständigkeit, Teamfähigkeit, Einstellung zur Arbeit). Beides wird in dem Formular mit Einstufungen (im Normalfall drei bis fünf) entsprechend der Einschätzung dokumentiert. Alles zusammen wird in einer Übersicht festgehalten. Diese sollte transparent, einheitlich und allen Mitarbeitern bekannt sein.

Wozu dient die Leistungsbeurteilung?

Die Leistungsbeurteilung hat je nach Zielgruppe unterschiedliche Verwendungen. Sie dient auf der einen Seite der leistungsorientierten Vergütung, der Prüfung einer Gehaltserhöhung oder von Beförderungen und der Erstellung von Arbeitszeugnissen. Auf der anderen Seite ist sie die Basis für Weiterbildungsbedarfe, Personalentwicklungsmaßnahmen und der Karriereplanung.

Entscheidend für die Leistungsbeurteilung ist, dass sie in einer positiven Atmosphäre stattfindet, dass sie leistungs- und motivationsfördernd wirkt und für die Beteiligten nachvollziehbar ist. Um die erforderliche Akzeptanz aufseiten des Mitarbeiters zu erreichen, muss die Objektivität der Beurteilung gewährleistet sein, sie muss zuverlässig, nachvollziehbar und valide sein.

Auf der mybook-Seite zum Buch unter mybook.haufe.de finden Sie ein ausführliches Muster einer Leistungsbeurteilung.

4.2.6 Mitarbeitergespräch

In den letzten Jahren ist immer deutlicher geworden, dass die Kommunikation mit dem Mitarbeiter stärker in den Mittelpunkt der Personalarbeit stehen sollte. Damit wird das Mitarbeitergespräch zu einem der wichtigsten Instrumente für Führungskräfte. Wie kann das sichergestellt werden?

Das Mitarbeitergespräch ist ein wesentlicher Beitrag im Sinne der Mitarbeiterführung. Das Gespräch gibt beiden Beteiligten die Möglichkeit, Lob und Kritik zu äußern. Aufgrund der großen Bedeutung des Mitarbeitergesprächs ist es unabdingbar, sich professionell darauf vorzubereiten. Dazu ist es erforderlich, den Termin rechtzeitig abzustimmen und auch den Grund des Gesprächs zu nennen. Üblicherweise wird es als Vier-Augen-Gespräch geführt. Es besteht auch die Möglichkeit, dass auf Wunsch des Arbeitnehmers ein Vertreter des Betriebsrates an dem Gespräch teilnimmt. Diese Option ist allerdings auf ausgewählte Themen beschränkt – wie zum Beispiel die Beurteilung der Arbeitsleistung, Fragen der Vergütung oder Karriere, Beschwerde über arbeitnehmerseitige Benachteiligungen oder die Änderung von Abläufen, die sich ohne Qualifizierung nicht professionell ausführen lassen (Betr.VG §82 Abs. 2).

Darüber hinaus ist es bedeutsam, dass beide Parteien auf gleicher Augenhöhe miteinander sprechen. Der Umgang miteinander sollte respektvoll sein. Dazu gehört auch, dass ein solches Gespräch ungestört verlaufen muss, also nicht am Arbeitsplatz des Mitarbeiters, wo jeden Moment das Telefon läuten kann oder eine andere Person stören könnte.

Anlässe und Inhalt von Mitarbeitergesprächen
Der klassische Anlass für ein Mitarbeitergespräch ist die Bewertung des zurückliegenden Zeitraums (normalerweise 12 Monate). Aber es gibt auch andere Anlässe:

- Ende der Probezeit
- Rückkehr von einer krankheitsbedingten Abwesenheit
- Vertragsbeendigung, Kündigung
- unterjähriger Austausch über die Arbeitssituation
- Entwicklungsmaßnahmen
- Gehalts- und/oder Beförderungsgespräche
- Lob- und/oder Kritikgespräche
- Änderung der bisherigen Tätigkeit
- Konfliktgespräche

Um die Wichtigkeit des Gesprächs zu verdeutlichen, sollten Sie vorab festlegen, welche Punkte unbedingt berücksichtigt werden müssen:

- Vereinbarung der Gesprächsziele
- Rückblick mit objektiver Analyse
- Bewertung der erzielten Leistungen
- Erläuterung der Entwicklungspotenziale
- Festlegung von Weiterbildungsmaßnahmen
- ggf. Festlegung von Zwischenschritten
- ggf. Änderungen der Aufgaben
- Zusammenfassung des Gesprächs
- Vereinbarung eines neuen Termins

Die gemeinsam verabschiedete Vereinbarung (alte Periode/neue Periode) muss schriftlich fixiert werden. Diese Vereinbarung wird von beiden Teilnehmern unterschrieben und muss vertraulich behandelt werden. Nach dem Gespräch sollte jeder der Teilnehmer das Ergebnis und den Verlauf noch einmal reflektieren. Es ist ebenso wichtig, das protokollierte Ergebnis vor dem Unterschreiben zu prüfen. Der Vorgesetzte sollte anbieten, den Mitarbeiter bei der Umsetzung der Vereinbarungen jederzeit zu unterstützen.

Aufseiten der Führungskräfte gibt es viele Gründe, Mitarbeitergespräche nicht durchzuführen: »Der Zeitaufwand ist zu hoch!«, »Ich finde keine freien Termine!«, »Ich spreche doch oft genug mit den Mitarbeitern!«, »Das Geschäft ist wichtiger!« oder »Das bringt doch alles nichts!« Diese Gründe mögen im Einzelfall zutreffend sein, aber zumeist sind sie vorgeschoben. Führungskräften, die Mitarbeitergesprächen aus dem Weg gehen, fehlt es häufig an Kritikfähigkeit oder sie sind konfliktscheu. Darüber hinaus fehlt ihnen oft die Qualifizierung, um Mitarbeitergespräche professionell zu führen. Es erfolgt dann meist der Hinweis auf die Personalabteilung, die doch dafür zuständig sei. Diesem Verhalten muss Einhalt geboten werden. Mitarbeitergespräche haben für alle Beteiligten Vorteile. Die Basis dafür sollte eine Unternehmenskultur sein, die die Kommunikation, die beiderseitige Gesprächsbereitschaft, den sachlichen Umgang mit Kritik und Konflikten im positiven Sinne fördert. Dann werden die Vorteile, die solche Gespräche mit sich bringen, deutlich:

- Vertrauensbildung zwischen Mitarbeitern und Vorgesetzten
- Steigerung der Motivation und Verbesserung des Arbeitsklimas
- Beteiligung der Mitarbeiter bei der Unternehmensentwicklung
- Steigerung des Leistungsgedankens
- Verdeutlichung von Entwicklungswegen
- frühzeitige Identifikation von Problemen im Unternehmen.

Auf der mybook-Seite zum Buch unter mybook.haufe.de finden Sie ein Musterprotokoll, das Sie für Ihre Mitarbeitergespräche einsetzen können.

4.2.7 Stellenbewertung

Die Stellenbewertung ist ein Verfahren, das auf Basis von Kompetenz- und Rollenanforderungen Positionen eines Unternehmens bewertet. Das gilt in erster Linie für Positionen, die sich oberhalb einer Tarifbezahlung befinden. Mithilfe der Stellenbewertung (auch Funktionsbewertung, Positionsbewertung, Job Grading oder Job Evaluation) werden die unterschiedlichen Anforderungen, die an eine Position gestellt werden, analysiert und einer vergleichenden Bewertung unterzogen. Dabei wird nicht der Stelleninhaber, der Titel oder der Berichtsweg bewertet, sondern einzig und allein die Stelle. Sie dient also der Erfassung und Beurteilung der Anforderungen, die an den Stelleninhaber bei der Ausführung seiner Tätigkeit gestellt werden. Dabei wird von einer 100%-Normalleistung ausgegangen.

Alle Informationen, die man für die Analyse und Bewertung der jeweiligen Position benötigt, finden Sie in den Stellenbeschreibungen, dem Stellenplan, den vorhandenen Organigrammen sowie in Interviews mit den zuständigen Führungskräften.

Im Zusammenhang mit der immer stärkeren Rationalisierung und den damit einhergehenden Veränderungen in der Unternehmensführung kam es nach dem Zweiten Weltkrieg zu einer veränderten Bewertung der Arbeit sowie der Arbeitsstellen. Dabei kamen neue wissenschaftliche Methoden der Systematisierung zum Einsatz. Zu den bekanntesten Methoden der Stellenbewertung gehören die REFA-Methode (siehe Kapitel 4.1.2) und das Genfer Schema. In

Amerika wurde zur gleichen Zeit die Hay-Methode entwickelt, die unten erläutert wird.

Aus welchen Gründen wurden Verfahren zur Stellenbewertung eingeführt?
- historisch gewachsene Entgeltstruktur
- Veränderung der Stellenstruktur durch eine Neuorganisation
- Diskrepanzen in der Bewertung einzelner Positionen in verschiedenen Abteilungen
- Anhäufung von Beschwerden über eine ungerechte Bezahlung, insbesondere zwischen externen Neueinsteigern und internen Leistungsträgern
- Einführung eines variablen Vergütungssystems und in dem Zusammenhang fehlende Kriterien für Boni, Dienstwagen oder Stock Options
- Einführung von Führungskreisen
- Einführung einer Fachlaufbahn neben der Führungslaufbahn

Das entscheidende Kriterium zur Einführung eines Systems der Stellenbewertung ist der Versuch, durch die objektiven Kriterien zu einer Akzeptanz seitens der Führungskräfte und der Mitarbeiter zu kommen.

Es gibt am Markt verschiedene Formen der Stellenbewertung. Grundsätzlich wird zwischen zwei Verfahren unterschieden: analytische und nicht-analytische (summarische) Verfahren. Daneben gibt es noch ein partialanalytisches Verfahren.

Analytische Verfahren
Alle Positionen werden anhand eines differenzierten Kriterienkatalogs, der im Wesentlichen unterschiedliche Ausprägungsstufen der wichtigsten Anforderungsfaktoren beschreibt, analysiert und bewertet.

Summarische Verfahren
Die Anforderungen der Stellen werden in ihrer Gesamtheit bewertet und im Vergleich zu anderen Tätigkeiten einem Rang oder einer Gruppe zugeordnet.

Partialanalytische Verfahren
Eine Auswahl von repräsentativen Referenzstellen wird analytisch bewertet. Anhand der Ergebnisse werden Gruppen oder Stufen gebildet. Die restlichen, nicht analytisch bewerteten Stellen werden den Gruppen bzw. Stufen summarisch zugeordnet, ohne dass eine weitere differenzierte Bewertung erfolgt.

In allen Verfahren unterscheidet man zwei Vorgehensweisen: Reihung und Stufung.

Reihung bedeutet, die Bewertungsresultate werden in eine Reihenfolge gebracht, ohne dass die Differenzen eine Bedeutung haben.

Stufung heißt, es werden in der Bewertung verschiedene Stufen definiert. Die später erreichte Bewertung bedeutet gleichzeitig eine Zuordnung zu einer Stufe. Ein anderer Ausdruck für Stufe ist zum Beispiel *Funktionsgruppe* oder *Grad*. Beide Methoden haben spezifische Vor- und Nachteile.

Vor- und Nachteile der summarischen Stellenbewertung
Vorteile:
- einfach in der Anwendung
- kostengünstig
- leicht verständlich

Nachteile:
- intransparenter Prozess
- Risiko durch subjektive Einschätzungen
- geringe Vergleichbarkeit
- hohe Qualitätssicherung

Vor- und Nachteile der analytischen Stellenbewertung
Vorteile:
- anforderungsgerechte Bewertung
- Transparenz der Ergebnisse und des Prozesses
- geringer subjektiver Einfluss
- Vergleichbarkeit der Ergebnisse
- größere Akzeptanz bei den Betroffenen

Nachteile:
- hohe Komplexität in der Handhabung
- hoher finanzieller Aufwand für System und Schulungen

Es gibt heute diverse Anbieter von Stellenbewertungsmethoden am Markt. Viele Beratungsfirmen bieten ihr eigenes Modell an. Beispiele dafür sind: Gradar the job evaluation engine, Kienbaum, Towers Watson, PWC-Strata, Hay Group, Mercer.

Im Folgenden soll die Systematik der Stellenbewertung beispielhaft aufgezeigt werden:

Genfer Schema

Die wesentlichen Bestandteile des Genfer Schemas sind das *Können* als maximale Leistungsanforderung und die *Belastung* als Intensität der Leistungsanforderung. Es geht um die geistigen und körperlichen Anforderungen, die Verantwortung und die Arbeitsbedingungen. Das Genfer Schema bildet heute die Basis für die analytischen Stellenbewertungen.

Hay-Methode

Diese Methode der Stellenbewertung ist eine Mischform der analytischen und der summarischen Methode. Sie wird auch als **Stellenwert-Profil-Methode** bezeichnet. Die Beurteilungskriterien sind *Wissen* (Sach- und Fachwissen, Managementanforderung und Umgang mit Menschen), *Denkleistung* (Denkrahmen und Denkanforderungen) und *Verantwortungswert* (Handlungsfreiheit, Art der Verantwortung und Geldgrößenordnung).

Dabei gibt es folgende Prozessschritte: Untersuchung des Unternehmens, Festlegung von Schlüsselpositionen, Stellenbeschreibung, Bildung eines Bewertungskomitees, Bewerten der Schlüsselpositionen, Prüfung der Resultate und Bewerten der restlichen Stellen.

Praxisbeispiel: Das Argument für die Einführung eines Stellenbewertungssystems in einem Großunternehmen war der immer stärker werdende Wettbewerb um talentierte Mitarbeiter. Das neue Modell soll die Basis für die künftige Entwicklung und Vergütung im Unternehmen bilden. Durch eine klar strukturierte Karriereleitersystematik bekommt jeder Mitarbeiter eine Orientierung über Entwicklungsmöglichkeiten und Karrierechancen und weiß, wo er derzeit im Unternehmen steht und wohin er sich entwickeln kann. Darüber hinaus kann ein Mitarbeiter aufgrund der Verbindung mit den jeweiligen Marktgegebenheiten schnell erkennen, dass seine Vergütung den jeweiligen Branchenverhältnissen entspricht. Kernstück dieses Systems sind die individuellen Karriereleitern für alle Bereiche des Unternehmens. Sie gliedern sich in fünf bis sechs Stufen, die mit differenzierten Anforderungen beschrieben werden. Diese beziehen sich auf Fachkenntnisse, Businessorientierung, Erarbeitung und Darstellung von Lösungen sowie Arbeitsbeziehungen. Bei den Führungskarrieren sind es strategischer Einfluss, Verantwortung, Entscheidung, Management und Führung sowie Kunden- und Fachkenntnisse. Damit wird die Grundlage für die Verknüpfung unterschiedlicher HR-Instrumente gelegt. Dies betrifft alle Bereiche der Personalarbeit, Rekrutierung und Einstellung (klare Aussagen über Jobanforderungen), Entwicklung und Karrierepfade (Zuordnung jeder Position zu den Stufen, Transparenz über Entwicklungspfade), Aus- und Weiterbildung (durch die Zuordnung entsteht eine Basis für weitere Qualifizierungen), Personal- und Nachfolgeplanung (aufgrund der

Stufenstruktur sind die Erfordernisse auf den Stufen sowohl qualitativ als auch quantitativ transparent) sowie Vergütung (hier unterstützt das System den direkten Vergleich mit dem Markt sowie der Lage in den Gehaltsbändern).

Zusammenfassend bleibt festzuhalten, dass Stellenbewertungssysteme zumeist positiv gesehen werden.

Vorteile:
- Einfachheit
- Transparenz und Akzeptanz
- externe Vergleichbarkeit
- interne Vergleichbarkeit
- einheitlicher Rahmen
- Anbindung an weitere HR-Prozesse

Diese Vorteile überwiegen in ihrer Vielzahl die durchaus vorhandenen Nachteile:
- hohe Komplexität
- hoher Bewertungsaufwand
- Rigidität des Systems
- niedrige Akzeptanz im Unternehmen
- geringe externe Vergleichbarkeit

Dieses Ergebnis hat eine Studie der HKP-Group (2016) zur Nutzung und Ausgestaltung von Funktionsbewertungssystemen Anfang 2016 ergeben.

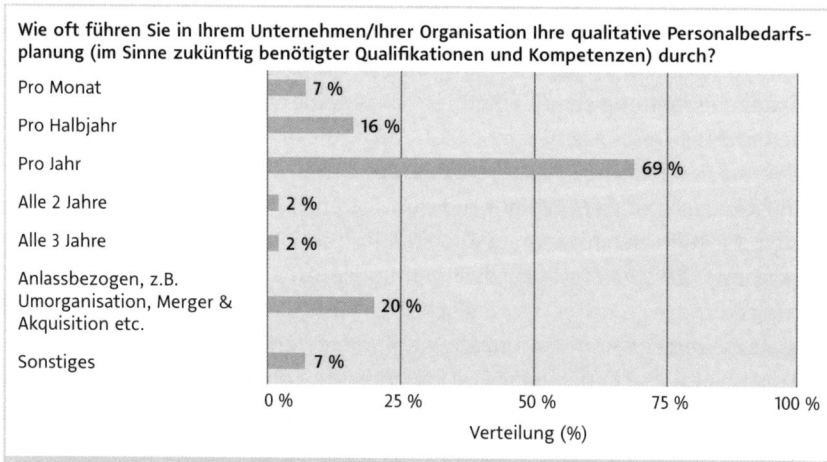

Abb. 33: Durchführungshäufigkeit der qualitativen Personalplanung (N = 45; Mehrfachauswahl; Filterfrage) (Quelle Studie Personalplanung 2017, S. 13)

Welche Methoden/Instrumente werden in Ihrem Unternehmen/Ihrer Organisation für die Unterstützung einer qualitativen Personalplanung verwendet?

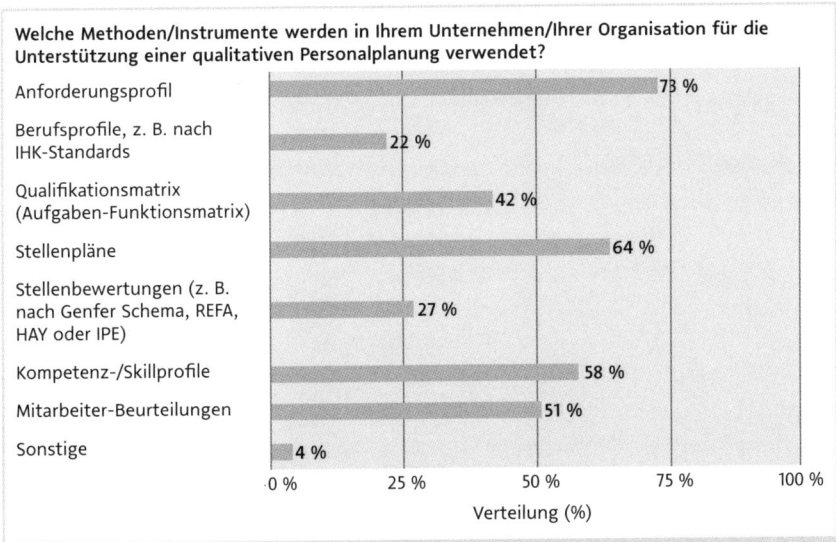

Abb. 34: Methoden/Instrumente der qualitativen Personalplanung (N = 45; Mehrfachauswahl; Filterfrage) (Quelle Studie Personalplanung 2017, S. 14)

5 Personelle Maßnahmenplanung

5.1 Personalbeschaffung

Die Personalbeschaffung ist das Kernstück der Personalbedarfsplanung. Man versteht darunter die Suche, die Auswahl und die Einstellung von Mitarbeitern. Das Ziel der Personalbeschaffung ist es, alle in der quantitativen und qualitativen Personalbedarfsplanung ermittelten Personalbedarfe unter Berücksichtigung der Qualifikation, der Menge, des Zeitpunktes und des Ortes zu decken. Dafür benötigt man die richtigen Prozesse, das dazugehörige Marketing und die erforderliche Technik. Die Unternehmen haben die Möglichkeit, die Gewinnung der Arbeitskräfte über interne oder externe Wege zu gewährleisten. Dazu werden unterschiedliche Instrumente benötigt. Einige Instrumente wurden bereits in den vorangegangenen Kapiteln angesprochen, andere werden in diesem Kapitel sowie in Kapital 7 »Strategische Ausrichtung der Personalplanung« behandelt.

Zu den ersten Aufgaben der Personalbeschaffungsplanung gehört die **Definition von Anforderungen**. Das kann anhand von Stellenbeschreibungen oder Anforderungsprofilen erfolgen. Darüber hinaus sollte man eine genaue Arbeitsmarktanalyse und -beobachtung vornehmen. Das betrifft sowohl den internen als auch den externen Arbeitsmarkt.

Intern werden entweder diejenigen Positionen benötigt, die aufgrund vergleichbarer Qualifikationen den vorgegebenen Anforderungen entsprechen (auch hinsichtlich der Größenordnung). Extern ist es besonders wichtig zu wissen, wie die Marktsituation im geforderten Segment aussieht und wie hoch das quantitative Potenzial ist. Lässt sich in dem erforderlichen Zeitraum die geforderte Menge beschaffen? Und ist dies zu einem vertretbaren Preis möglich? In diesem Zusammenhang sollte auch die eigene Darstellung als attraktiver Arbeitgeber am Markt überprüft werden.

Der zweite Schritt ist die **Planung der Beschaffungsmaßnahme**: interne oder externe Einstellung, befristete oder unbefristete Festlegung sowie die Überlegung, welchen Beschaffungsweg man wählt. Danach folgt die Planung und Durchführung der Bewerberauswahl und die Überlegung, welche Methode angewendet werden soll (Interviews, Tests, Auswahlverfahren usw.). Nach Vertragsabschluss greift der Prozess der Einstellung. Vorab sollten aber die angewandten Methoden evaluiert werden.

5.1.1 Interne Personalbeschaffung

Wenn die Diskussion hinsichtlich der Entscheidung, ob man intern oder extern neue Mitarbeiter beschaffen soll, beginnt, sollten folgende Überlegungen angestellt werden:

- Sind die geforderten Qualifikationen intern vorhanden?
- Hat das Unternehmen die Möglichkeit, die erforderlichen Qualifizierungen in der vorgegebenen Frist zu schulen?
- Können bereits qualifizierte Mitarbeiter fristgemäß versetzt werden?
- Können vorhandene Mitarbeiter durch Mehrarbeit oder Urlaubsverschiebung die entstandene Lücke über eine gewisse Zeit überbrücken?
- Ist der Markt für diese Qualifikationen vorhanden?
- Sind wir bereit, den Marktwert zu zahlen?
- Sind die Budgets für externe Einstellungsmaßnahmen (Headhunter, Printmedien, Internet, Smartphone) vorhanden?
- Sind interne Weiterqualifizierungen wirklich günstiger als externe Einstellungen?

Diese und weitere betriebsspezifische Fragen sollten als Erstes beantwortet werden.

Checkliste: Einstellung eines Mitarbeiters	Ja	Nein
Welcher Art von Bedarf liegt vor		
▪ Neubedarf		
▪ Ersatzbedarf		
▪ Zusatzbedarf		
Wo entsteht der Bedarf?		
▪ am alten Standort		
▪ an einem anderen Standort		
Genehmigung der Stelle liegt vor		
Anforderungsprofil/Kompetenzprofil liegt vor		
Wurde die Stelle intern ausgeschrieben?		
Welche Medien sollen eingesetzt werden?		
▪ Papier/Zeitung		
▪ Social Media		
▪ Internet		

Checkliste: Einstellung eines Mitarbeiters	Ja	Nein
Welcher Zeithorizont ist relevant?		
▪ Einsatz sofort ab Einstellungstermin		
▪ Einsatz mit interner »Ausbildung« nach Einstellung		

Ist die Entscheidung zugunsten einer internen Beschaffungsmaßnahme gefallen, muss man sich vergegenwärtigen, welche Hilfsmittel betriebsintern zur Verfügung stehen.

- Auswertungen von Beurteilungen
- Skill-Management
- Untersuchungen von Fehlzeiten und Fluktuation
- innerbetriebliche Stellenausschreibungen
- Strukturdaten hinsichtlich Alter
- innerbetriebliche Versetzungsmodalitäten
- Qualifizierungsbausteine
- direkte Ansprachen von Mitarbeitern (nach Rücksprache mit dem Vorgesetzten)
- Eingliederungsmanagement (Mütter, Väter, Langzeitkranke)

Die interne Beschaffungsmaßnahme ist besonders deswegen erwägenswert, weil die durch sie entstehenden Vorteile besonders zahlreich sind:

- Motivation der vorhandenen Mitarbeiter
- Aufzeigen der innerbetrieblichen Entwicklungsmöglichkeiten
- Stärkung der Bindung der Mitarbeiter
- geringere Beschaffungskosten
- vorhandene Betriebskenntnis
- Einhaltung des innerbetrieblichen Entgeltniveaus
- schnellere Besetzungsmöglichkeit (abhängig von der Qualifikation)
- Freiwerden von Plätzen für Nachwuchskräfte infolge der Weiterbildung
- geringere Einarbeitungszeit
- gezielte Förderungsmöglichkeit
- transparente Personalpolitik
- Verbesserung des Unternehmensimages.

Aber es gibt selbstverständlich auch negative Faktoren, die es zu berücksichtigen gilt:

- weniger Auswahlmöglichkeiten
- Frust und Enttäuschung bei nicht ausgewählten Mitarbeitern
- ggf. hohe Fortbildungskosten
- eventuell Verstärkung der Betriebsblindheit
- zu starke kollegiale Bindungen

- Der Bedarf wird durch eine Versetzung quantitativ nicht gelöst.
- Es kommen keine Impulse von außen.
- Interne Mitarbeiter gehen wie selbstverständlich von automatischen Beförderungen aus.
- Gefahr, Gefälligkeitsbeförderungen vorzunehmen

Angesichts der demografischen Entwicklung werden die Betriebe in Zukunft nicht umhinkommen, verstärkt eigene ältere Mitarbeiter länger zu beschäftigen oder sogar pensionierte Mitarbeiter wiedereinzustellen.

Es ist wichtig zu beachten, dass Mitarbeitern durch interne Bewerbungen keine Nachteile entstehen dürfen. Auch bei der Inanspruchnahme von Auswahlverfahren oder Eignungstests dürfen die Ergebnisse zu keinerlei Nachteilen führen.

Zusammenfassend ist festzuhalten, dass bei Berücksichtigung der genannten Nachteile die interne Personalbeschaffung der externen vorzuziehen ist.

5.1.2 Externe Personalbeschaffung

Wenn ein Unternehmen nach Prüfung der oben genannten Kriterien feststellen muss, dass die geforderten Qualifikationen innerbetrieblich weder vorhanden noch in der erforderlichen Zeit zu schulen sind, gibt es nur den Weg der externen Einstellung.

Bei den externen Beschaffungsmaßnahmen wird unterschieden nach aktiver oder passiver Beschaffung. Bei der **passiven Beschaffung** handelt es sich um die Prüfung der eingehenden Initiativbewerbungen. Diese ergeben sich in erster Linie durch das Image der Firma in der Öffentlichkeit oder durch zufällige Gespräche mit Mitarbeitern des Unternehmens. Grundsätzlich sind diese Bewerbungen positiv zu bewerten, da die Bewerber von sich aus aktiv geworden sind und damit deutlich machen, dass sie an ihrer weiteren Entwicklung interessiert und bereit sind, ihre Bewerbungen an Unternehmen zu schicken, ohne zu wissen, ob ihre Qualifikationen dort gerade benötigt werden.

Bei der **aktiven Beschaffung** greifen die Unternehmen entsprechend ihren aktuellen Anforderungen auf unterschiedliche Medien zurück. Um zur richtigen Entscheidung zu kommen, sollten zunächst Hilfsmittel in Anspruch genommen werden, die der aktuellen Marktanalyse dienen. Dazu gehören eigene Marktuntersuchungen, die Prüfung der Initiativbewerbungen, Auswertungen von Arbeitsmarktprognosen, Gespräche mit der Zentralstelle für

Arbeitsvermittlung und Informationen über die Anzahl der Absolventen diverser Bildungseinrichtungen.

Dann muss eine Entscheidung darüber getroffen werden, welche Art von Arbeitnehmer eingestellt werden soll. Werden nur zeitlich begrenzt Arbeiten anfallen, wird man sich überlegen, ob man befristete Arbeitsverträge abschließt, ob man Mitarbeiter einer Zeitarbeitsfirma heranzieht oder mit der bestehenden Belegschaft Vereinbarungen über eine vorübergehende Mehrarbeit trifft. Die nächste Überlegung betrifft die Frage nach der Qualifikation. Reicht es aus, Berufsanfänger einzustellen, oder benötigt die Firma erfahrene Spezialisten? Eine sehr willkommene Möglichkeit sind hier die sogenannten Wiedereinsteiger, wie zum Beispiel Mütter oder Väter, die eine Familienzeit in Anspruch genommen haben.

Bezüglich der aktiven Personalbeschaffung können verschiedenartige Medien genutzt werden. Diese können mit oder ohne einen Vermittler in Anspruch genommen werden:
- Einschaltung der Arbeitsagentur
- Karriere-Website
- Online-Stellenbörsen
- soziale Medien
- Printmedien (hier muss zwischen Fachzeitschriften, überregionalen Zeitungen und lokalen Zeitungen unterschieden und ausgewählt werden)
- Mitarbeiterempfehlungen (Netzwerk)
- Stellenannoncen, z.B. im Radio oder im Internet
- Einschaltung von Personalvermittlern oder Headhuntern
- Informationsveranstaltungen in Bildungseinrichtungen
- Hochschulmessen
- Kontaktveranstaltungen oder Jobbörsen

Bedeutsam ist bei allen genannten Medien das sorgfältige Pflegen des Unternehmensimages. Ohne einen guten Ruf als Arbeitgeber oder als attraktives Zukunftsunternehmen wird kein hochqualifizierter Spezialist in den Betrieb eintreten.

Auch bei den externen Beschaffungsmaßnahmen können sowohl Vorteile als auch Nachteile festgestellt werden.

Die Vorteile sind:
- größere Auswahlmöglichkeiten
- neue Impulse für das Unternehmen
- Verringerung der Betriebsblindheit

- Der neue Mitarbeiter wird durch seine Kenntnis anderer Unternehmen leichter anerkannt.
- Der Personalbedarf wird direkt gelöst und vermeidet den sogenannten Kettenreaktionseffekt.
- Fortbildungskosten sind gering, da die Einstellung auf die erforderliche Stelle zugeschnitten ist.
- geringere Kosten bei Personalabbau
- höhere Leistungsbereitschaft, da die subjektiv eingeschätzte Arbeitsplatzsicherheit geringer ist.

Die Nachteile sind:
- höhere Beschaffungskosten
- negative Auswirkungen auf das Betriebsklima
- höheres Risiko (Probezeit!)
- höheres Gehalt bei Neueinsteigern, dadurch ggf. Nachholbedarf bei internen Mitarbeitern
- keine Betriebskenntnis, dadurch Einarbeitung erforderlich
- mehr Zeitbedarf durch aufwendigere Einstellungsverfahren
- mögliche Demotivation interner Interessenten (Blockierung von Aufstiegsmöglichkeiten)
- mögliche Eingliederungsschwierigkeiten

Im Vergleich beider Beschaffungsarten ist die interne Beschaffung zu bevorzugen. Bei externen Einstellungen ist die Sorgfaltspflicht der Führungskräfte größer und darf nicht unterschätzt werden.

5.1.3 Auswahlrichtlinien

Unter Auswahlrichtlinien versteht man Grundsätze, die zu berücksichtigen sind, wenn bei Einstellungen, Versetzungen, Umgruppierungen oder Kündigungen mehrere Mitarbeiter oder Bewerber zur Wahl stehen und zu entscheiden ist, welche Person für diese Maßnahme in Frage kommt.

Auswahlrichtlinien enthalten allgemein oder für eine bestimmte Tätigkeit festgelegte fachliche, persönliche oder soziale Voraussetzungen für die jeweilige Entscheidungsfindung. Hiermit soll die Entscheidung versachlicht und für die Beteiligten transparent gemacht werden. Die Auswahl selbst ist eine Angelegenheit des Arbeitgebers. Mit den Kriterien soll aber der Ermessensspielraum eingeschränkt werden.

Bei den **fachlichen Kriterien** soll in erster Linie die Art der Ausbildung eine Rolle spielen (Schulbildung, Berufsausbildung, Studium, Prüfungen, berufliche Praxis und Betriebszugehörigkeit). Bei den **persönlichen Kriterien** sind es vor allem Zuverlässigkeit, Alter, gesundheitliche Voraussetzungen und gegebenenfalls auch die Wahl des Geschlechts (wenn ein Geschlecht unterrepräsentiert ist). Die Maßgabe, interne Bewerber externen vorzuziehen, ist eine grundsätzliche Entscheidung des jeweiligen Unternehmens. Die **sozialen Kriterien** beziehen sich auf Familienstand, Unterhaltspflichten, Betriebszugehörigkeit oder die Bevorzugung von Langzeitarbeitslosen bei einem Einstellungsprozess.

Auswahlrichtlinien bedürfen nicht zwingend der Schriftform. Allerdings dürfen sie die Mitbestimmungsrechte des Betriebsrates nicht unterlaufen. Die Zustimmung des Betriebsrates ist erforderlich. Bei einer Nichteinigung kann der Arbeitgeber eine Einigungsstelle anrufen, die dann entscheidet. Wichtig ist hierbei, dass mit der Auswahl der Kriterien keine Diskriminierung verbunden ist. Insbesondere bei Auswahlrichtlinien, die vor dem Jahr 2006 entstanden sind, also vor dem Inkrafttreten des Allgemeinen Gleichbehandlungsgesetzes (AGG), ist der Gleichbehandlungsgrundsatz nicht in jedem Fall eingehalten worden.

Auf der mybook-Seite zum Buch unter mybook.haufe.de finden Sie ein Muster für eine Betriebsvereinbarung zum Thema »Auswahlrichtlinien«.

5.1.4 Auswahlverfahren

Das Auswahlverfahren ist ein Instrument für die Bearbeitung von internen und externen Bewerbungen. Neben den Bewerbungsunterlagen werden bei einer Anzahl gleichwertiger Bewerber unterschiedliche Auswahlverfahren in Betracht gezogen. Die Bewerbungsunterlagen geben dem Arbeitgeber einen ersten Eindruck über die formal zu erfüllenden Kriterien und liefern darüber hinaus aufgrund der Form und der Inhalte der Unterlagen weitere Informationen über die Ernsthaftigkeit der vorliegenden Bewerbung. Wenn nach einer ersten Auslese noch mehr Kandidaten als freie Stellen vorhanden sind, wird man auf weitere Instrumente zurückgreifen.

Die folgenden Auswahlverfahren werden häufig eingesetzt:

- Telefoninterviews
- Vorstellungsgespräche
- Arbeitsproben (empfehlenswert, sehr aufschlussreich, wenig Aufwand)
- Referenzen (seltener, viel Aufwand, sehr informativ, vom Referenzgeber abhängig, zu empfehlen, wenn Kontakte bestehen)
- grafologische Gutachten (Einsatz umstritten und eher selten)

- biografische Fragebögen (je nach Position eher in den USA üblich, Fragen nach persönlichem Verhalten in beruflichen Situationen sowie in fiktiven Konfliktsituationen)
- Personalfragebogen (wird zumeist vorab ausgefüllt, Fragen zur persönlichen und beruflichen Vergangenheit und ggf. auch zur Persönlichkeit)
- diverse Tests
  - Allgemeinwissentest
  - Fachwissentest
  - Leistungs- und Konzentrationstest
  - Gedächtnistest
  - Intelligenztest
  - Persönlichkeitstest
- freies Interview (wird häufig genutzt, wenig Aussagekraft)
- strukturiertes Interview (wesentlich aussagekräftiger, auf die Anforderungen bezogen)
- Einzel-Assessment (nur bei bestimmten Führungsfunktionen)
- Assessment-Center
  Anforderungssituationen werden simuliert, das Verhalten wird eingeschätzt und beurteilt, ob es den Anforderungen der Zielposition entspricht. Beispiele sind Verkaufsgespräche, Mitarbeitergespräche, Gruppendiskussionen, Fallstudien oder Präsentationen
- Selbstbeschreibungsfragebogen
  Es wird die Selbsteinschätzung des Bewerbers mit der Einschätzung der Personalverantwortlichen verglichen. Differenzen werden im Gespräch hinterfragt.

Unstrukturiertes Interview	**Auswahlinstrumente mit eher geringer Aussagekraft**
Intelligenztests	
Referenzen	▸ ...
Assessment Center	▸ ...
Schulnoten (hinsichtlich Ausbildungserfolg)	▸ ...
Arbeitsproben	▸ ...
Arbeitszeugnisse	
Biografischer Fragebogen	**Auswahlinstrumente mit eher höherer Aussagekraft**
Strukturiertes Interview	▸ ...
Schulnoten (hinsichtlich Berufserfolg)	▸ ...
Persönlichkeitstests	▸ ...
Analyse der Bewerbungsunterlagen	▸ ...

Abb. 35: Aussagekraft von Auswahlverfahren (Quelle: Wickel-Kirsch 2016)

5.1.5 Besetzungsplan

In Kapitel 4.2.4 wurde bereits der Stellenplan beschrieben. Der Besetzungsplan baut auf dem Stellenplan auf. Neben der Bezeichnung der Stelle enthält der Besetzungsplan die Qualifikationsanforderungen und die Eingruppierung (Entgelt) der Stelle. Der Besetzungsplan bildet die Zuordnung der (Plan-)Stellen zu Organisationseinheiten ab und darüber hinaus die Verknüpfung zwischen den Planstellen und dem Inhaber (Mitarbeiter) der Stelle. Für die Führungskräfte wird der Besetzungsplan zumeist als Organigramm dargestellt, das einen Überblick über die besetzten und nicht besetzten Planstellen verschafft.

5.1.6 Kennzahlen

In den Prozessen der Personalbeschaffung ist es wichtig, auf Transparenz und Effizienz zu achten. Die internen Kunden (Fachabteilungen) erwarten ein schnelles Arbeiten bei begrenzten Kosten. Die Diskussion zwischen der Fachabteilung und dem Personalressort dreht sich immer um Effizienz, Qualität und Schnelligkeit. Die von den Geschäftsbereichen immer gerne diskutierte Alternative ist die Einschaltung eines externen Dienstleisters. Um mit der internen Qualität zu überzeugen, benötigt der Personalbereich überzeugende Zahlen. Dafür sind im Anschluss die wichtigsten Kennzahlen aufgeführt:

- Anzahl der eingegangenen Bewerbungen pro Ausschreibung
- Qualität der eingegangenen Bewerbungen (möglichst genaue Passung)
- externe Kosten pro Bewerbung (für den gesamten Prozess)
- interne Kosten pro Bewerbung (Personal- und Sachkosten)
  - Gesamtkosten pro Bewerbung
  - Gesamtbesetzungskosten pro Stelle (intern und extern)
- Dauer des Besetzungsverfahrens (von der Ausschreibung bis zur Besetzung)
- Einstellungen pro Recruiter
- durchschnittliche Vakanzendauer
- Effizienz der Rekrutierungsinterviews (Anzahl Interviews zu Anzahl Zugänge)
- Einstellungseffizienz pro Rekrutierungskanal
- externe Zugangsquote
- interne Zugangsquote

5.2 Personaleinsatz

Die traditionelle Aufgabe der Personaleinsatzplanung ist die passgenaue Zuordnung der vorhandenen Mitarbeiter auf die vorhandenen Planstellen des Unternehmens. Dies geschieht unter Berücksichtigung der quantitativen, zeitlichen und örtlichen Erfordernisse des Betriebs und unter Wahrung der Interessen und Neigungen der Arbeitnehmer. Es wird unterschieden zwischen operativer, umsetzender Disposition und einem strategisch-planerischen Ansatz, der sowohl die Einführung und Einarbeitung der neuen Mitarbeiter als auch die gesamte Einsatzplanung und die Berücksichtigung der Arbeitsplatzerfordernisse, der Arbeitszeitregelungen und der Arbeitsaufgabenverteilung berücksichtigt.

Der erwähnte strategische Ansatz wird in neueren Managementüberlegungen noch weiter geführt, in denen die Personaleinsatzplanung als wichtiges Instrument der Optimierung betriebswirtschaftlicher Abläufe betrachtet wird. Die Überlegungen gehen dahin, die Themen Arbeitszeitflexibilisierung, volatile Auftragslagen, arbeitsrechtliche Rahmenbedingungen und *Workforce Productivity* mit modernen Ansätzen der Personaleinsatzplanung zu verbinden und so zu einer weiteren Erhöhung der Arbeitsproduktivität zu kommen.

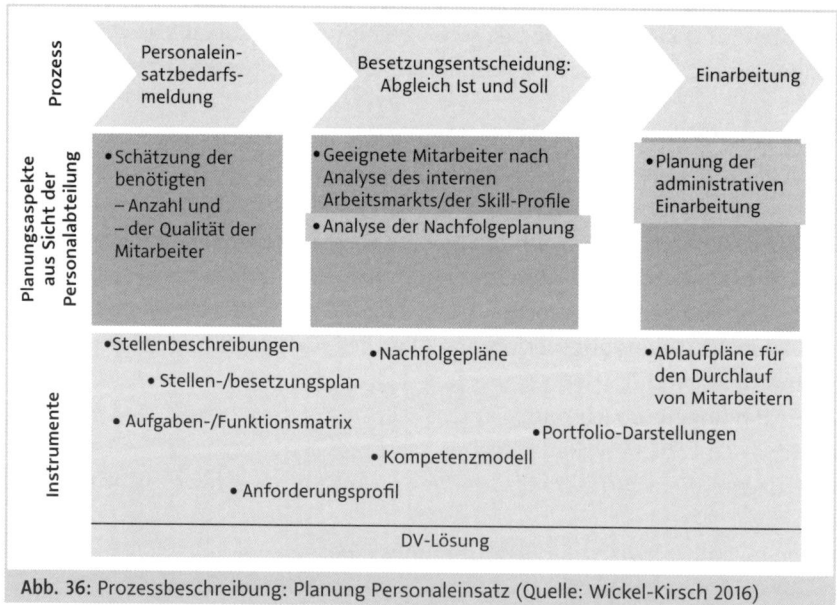

Abb. 36: Prozessbeschreibung: Planung Personaleinsatz (Quelle: Wickel-Kirsch 2016)

5.2.1 Einführung und Einarbeitung neuer Mitarbeiter

Jeder kennt diese Situation. Ein neuer Mitarbeiter erscheint pünktlich und voller Erwartung an seinem ersten Arbeitstag im Betrieb. Er ist motiviert, das Vorstellungsgespräch war sehr gut und auch der Arbeitsvertrag entspricht seinen Erwartungen. Aber an seinem neuen Arbeitsplatz ist nichts vorbereitet, die anderen Mitarbeiter wissen zwar, dass er kommt, haben aber keine Kenntnis darüber, welche Aufgaben er übernehmen soll.

Der Start in einen neuen Abschnitt des Berufslebens kann eine erhebliche Bedeutung für die Bewältigung der neuen Aufgabenstellung haben. Die Frage stellt sich also, was zur Einführung des neuen Mitarbeiters vorbereitet werden muss. Folgende Punkte sollten von der zuständigen Führungskraft unbedingt erledigt werden:

- Personalnummer vergeben
- Firmenausweis erstellen
- Einen NT- und E-Mail-Account beantragen
- Arbeitsmaterial bereitstellen (Schreibtisch, Stuhl, PC usw.)
- Informationsmappe erstellen
- Einarbeitungsplan bereitlegen
- Aufgabenzuteilung festlegen und mit den anderen Mitarbeitern abstimmen
- Termin des ersten Tages vormerken und sich genügend Zeit für den neuen Mitarbeiter nehmen
- Ankündigung des neuen Mitarbeiters am Empfang
- Abholung des neuen Mitarbeiters
- Vorstellung bei den Kollegen
- Rundgang durch den Betrieb mit Hinweisen auf Sicherheitsvorkehrungen
- Information des Mitarbeiters über notwendige Kenntnisse (Verhalten bei Alarm, Fluchtwege, Notfallhelfer, Unfallmeldung usw.)
- Erläuterung der Arbeitszeit- und Pausenregelungen
- Information des Mitarbeiters über die Organisation der Einheit und die Einbindung in die gesamte Firmenstruktur
- Erklärung der Telefonanlage und der IT-Struktur (ggf. des vorhandenen Portals)
- Besprechung des Einarbeitungsplans mit ersten Arbeiten und Terminen
- Verdeutlichung der Wichtigkeit und des zeitlichen Ablaufs der Mitarbeitergespräche, insbesondere des ersten Gesprächs
- Erläuterung der Geschäftsgrundsätze
- Vorstellung der Qualifizierungsmöglichkeiten und ggf. erste Anmeldung
- Angebot an den Mitarbeiter, sich jederzeit zu einem Meinungsaustausch zu treffen

Wenn die Führungskraft zeitlich nicht selbst in der Lage ist, eine Art Patenfunktion zu übernehmen, sollte er einen erfahrenen Mitarbeiter an die Seite des neuen Kollegen stellen.

Alle diese Maßnahmen sind erforderlich, um dem neuen Mitarbeiter zu verdeutlichen, wie wichtig seine Tätigkeit in der neuen Firma ist. In diesem Zusammenhang ist es wichtig, erneut auf die Bedeutung der vereinbarten Probezeit hinzuweisen. Für beide Parteien ist dies die Zeit, sich gegenseitig zu prüfen und festzustellen, ob man zueinander passt oder nicht. In der Praxis wird diese Chance oft genug nicht in Anspruch genommen.

5.2.2 Der arbeitsplatzbezogene Teilbereich

Bei der Personaleinsatzplanung wird zwischen drei Bereichen unterschieden:

- arbeitsplatzbezogener Teilbereich
- arbeitszeitbezogener Teilbereich
- arbeitsaufgabenbezogener Teilbereich

Unter dem **arbeitsplatzbezogenen Bereich** wird alles verstanden, was sich auf den Einsatzort des Mitarbeiters bezieht, also die individuelle Zuordnung des Mitarbeiters auf einen Arbeitsplatz. Dabei geht es um Themen wie Ergonomie, Arbeitsbelastung und immer häufiger um Stress.

Wie kann ein Unternehmen sicherstellen, dass ein Arbeitnehmer produktiv ist und nicht durch negative äußere Einflüsse beeinträchtigt wird? Insbesondere in einem Produktionsunternehmen muss unter anderem gewährleistet sein, dass Maßnahmen wie Schallschutz, persönlicher Gehörschutz, Lärmpausen, Raumklimatisierung, entsprechende Beleuchtung, Blendungsfreiheit und andere Schutzmechanismen vorhanden sind. Handelt es sich um einen Betrieb mit chemischen oder biologischen Stoffen, muss darüber hinaus Schutzkleidung zur Verfügung gestellt werden. Es müssen Sauglüftungen vorhanden sein, Alarmsysteme installiert werden, Abzugsvorrichtungen vor Ort sein und regelmäßige ärztliche Untersuchungen veranlasst werden. Bei verwaltenden Tätigkeiten sollte insbesondere auf die Ergonomie und auf die Bildschirmtätigkeit geachtet werden. Die ergonomischen Grundsätze verdeutlichen zum Beispiel, welche Höhe der Schreibtisch und der Bürostuhl haben müssen. Sie legen fest, wie weit der Abstand des Mitarbeiters vom Bildschirm sein darf und in welchem Winkel der Mitarbeiter auf den Bildschirm sehen sollte.

Hinsichtlich der Arbeitsbelastung und des Stressfaktors greifen insbesondere Methoden der Arbeitsphysiologie (Belastung des Menschen durch körperlich schwere Arbeit), der Arbeitspsychologie (psychologische Anforderungen der Arbeit an den Menschen und damit auch die Gestaltung der Arbeitsbedingungen), der Arbeitssoziologie (soziale Bedeutung der Arbeit für die Menschen, Zusammenarbeit mit anderen Menschen wie z.B. Gruppenarbeit), der Arbeitspädagogik (Fragen der beruflichen Bildung und Themen der Arbeitsunterweisung), der Arbeitstechnologie (humane Gestaltung der Arbeitsverfahren) sowie der Arbeitsmedizin hinsichtlich des präventiven Gesundheitsschutzes und der bereits erwähnten Maßnahmen bezüglich der gesundheitlichen Risiken insbesondere in Produktionsstätten.

5.2.3 Der arbeitszeitbezogene Teilbereich

In der Vergangenheit sind die Überlegungen der Verantwortlichen zur Aufbauorganisation einer Einheit grundsätzlich von der gesetzlich oder tariflich vereinbarten Arbeitszeit ausgegangen. Eine Ausnahme bildete nur die klassische Teilzeitarbeit, die im geringen Umfang vorhanden war. Erst durch die aufkommende Arbeitslosigkeit, den stärkeren internationalen Konkurrenzdruck und den gesellschaftlichen Wertewandel bekam die Arbeitszeitgestaltung immer größere Bedeutung. Inzwischen bestimmt ein ganzes Bündel von Instrumenten die Arbeitszeitpolitik. Es wird zwischen zwei Grundformen unterschieden. Auf der einen Seite geht es um die zu leistende Arbeitszeit einer bestimmten Periode (durchschnittliche Stundenzahl pro Arbeitstag) und auf der anderen Seite um die Länge der Berufstätigkeit.

Die vorhandenen Arbeitszeitmodelle lassen sich auf diese Grundmodelle zurückführen:
- Arbeitszeitkonten
- Teilzeitarbeit
- Arbeitsplatzteilung
- Abrufarbeit
- Schichtarbeit
- Vertrauensarbeitszeit
- Telearbeit

Diese Arten der Arbeitszeitflexibilisierung haben für alle Beteiligten Vorteile. Die Arbeitnehmer sind in der Lage, ihre Arbeitszeit entsprechend ihrer persönlichen Situation einzuteilen. Die Unternehmen können entsprechend ihrer Auftragslage die Arbeitszeiten ihrer Mitarbeiter einteilen.

Nachfolgend erhalten Sie eine kurze Erläuterung der oben aufgeführten Arbeitszeitmodelle:

Arbeitszeitkonten

Arbeitszeitkonten sind die am weitesten verbreitete Form der Arbeitszeitflexibilisierung. Sie ersetzen die starre Form der täglichen oder wöchentlichen Arbeitszeit. Sie geben den Arbeitnehmern die Möglichkeit, in einer festgelegten Zeitspanne die vertraglich vereinbarte Arbeitszeit zu leisten. Die so gegebene Flexibilität ermöglicht es dem Mitarbeiter, seine persönlichen Verpflichtungen zu erfüllen. Um Missbrauch vorzubeugen, wird vielfach zwischen Arbeitnehmer und Arbeitgeber eine Vereinbarung darüber getroffen.

Teilzeitarbeit

Die Teilzeitarbeit ist die am längsten bekannte Form der Arbeitsflexibilisierung. Sie gibt den Arbeitnehmern in Absprache mit dem Arbeitgeber die Möglichkeit, trotz reduzierter Arbeitszeit Teil des Unternehmens zu sein. Sie kann entweder in Form von reduzierten Tagesstunden oder in Form von weniger Wochentagen vereinbart werden. Meist wird die Flexibilität dahingehend erweitert, dass bei entsprechendem Arbeitsanfall die vereinbarten Stunden pro Tag oder Tage pro Woche angepasst werden können. Nachteilig wirkt sich diese Form der Arbeitszeit für das Unternehmen nur dadurch aus, dass eine größere Koordination erforderlich ist. Für den Arbeitnehmer besteht ein möglicher Nachteil der Teilzeitarbeit darin, dass ein geringeres Einkommen erwirtschaftet wird und die Gefahr der Leistungsverdichtung und des Karrierestopps besteht.

Arbeitsplatzteilung (Job-Sharing)

Bei der Arbeitsplatzteilung (Job-Sharing) handelt es sich um ein Modell, bei dem sich mehrere Mitarbeiter einen Arbeitsplatz teilen. Es gibt unterschiedliche Formen. Zum einen teilen sich zwei Mitarbeiter eine Vollzeit-Planstelle. Das heißt, es gibt zwei unterschiedliche, voneinander getrennte Arbeitsplätze in Teilzeit. In einer anderen Variante teilen sich zwei Mitarbeiter einen Arbeitsplatz. Das bedeutet, sie haben die gleiche Aufgabe und müssen sich zeitnah abstimmen. Diese Variante gibt es durchaus auch bei Führungspositionen. Nachteilig ist hier der permanente Koordinierungsaufwand, der aber durch die Gewinnung von geschätzten Mitarbeitern aufgewogen wird.

Arbeit auf Abruf

Bei dem Modell der Arbeit auf Abruf geht es um ein Arbeitsverhältnis, bei dem die Arbeitszeit innerhalb eines Zeitraums nicht festgelegt ist. Nur die Bezahlung für geleistete Stunden wird vertraglich festgelegt. Die deutschen Arbeitsgerichte haben diese Form der Flexibilität schon sehr früh als nichtig erklärt. Die im deutschen Arbeitsrecht vorhandenen Regelungen besagen, dass der Arbeitgeber im Arbeitsvertrag eine wöchentliche oder tägliche Arbeitszeit vereinbaren muss. Ansonsten muss der Arbeitgeber den Arbeitnehmer für mindestens drei Stunden in Anspruch nehmen und darüber hinaus mindestens vier Tage im Voraus den Bedarf mitteilen. Tarifvereinbarungen können davon abweichen und auch zuungunsten der Arbeitnehmer vereinbart werden.

Schichtarbeit

Schichtarbeit stellt eine gravierende Abweichung vom normalen Acht-Stunden-Tag dar. Sie bezeichnet eine Tätigkeit, die zu konstant ungewöhnlichen Arbeitszeiten stattfindet. Sie findet spät abends, in der Nacht oder auch am Wochenende statt. Wichtig ist, dass bei den Schichtplänen die Erkenntnisse der Arbeitswissenschaften berücksichtigt werden. So sollte unter anderem daran gedacht werden, nicht mehr als drei Nachtschichten aufeinander folgen zu lassen, einen schnellen Wechsel zwischen Früh- und Spätschicht zu vereinbaren, die tägliche Arbeitszeit auf acht Stunden zu beschränken und mindestens einen freien Abend in der Woche sowie mindestens einen freien Tag am Wochenende zu gewährleisten.

Vertrauensarbeitszeit

Bei der Vertrauensarbeitszeit verzichtet der Arbeitgeber auf die Kontrolle der Arbeitszeit und vertraut darauf, dass seine Arbeitnehmer ihren vertraglichen Verpflichtungen nachkommen. Die Mitarbeiter entscheiden also selbstständig, in welcher Zeit sie ihre Aufgaben erfüllen. Sie haben die volle Zeitsouveränität, sind dabei aber weiterhin an die gesetzlichen Bestimmungen wie Arbeitszeitgesetz, Tarifverträge, Betriebsvereinbarungen usw. gebunden. Nachteilig kann auch hier der Missbrauch oder die Überforderung der Arbeitnehmer sein. Andererseits kann auch eine Selbstausbeutung oder der soziale Druck für die Arbeitnehmer negative Auswirkungen haben.

Telearbeit

Bei der Telearbeit handelt es sich vorrangig um Heimarbeitsplätze, die es Mitarbeitern ermöglichen, aufgrund einer bestimmten familiären Situation ihre vereinbarte Arbeit von zu Hause aus zu erledigen. Dieses Modell beinhaltet verschiedene Anforderungen, die auf die Beteiligten zukommen. Es muss ein geeigneter Arbeitsplatz zur Verfügung stehen, der auf Kosten des Arbeitgebers eingerichtet wird. Es muss sichergestellt werden, dass die Bedingungen des Arbeitsschutzes, der Arbeitssicherheit und des Datenschutzes gewährleistet werden. Die Vorteile derartiger Regelungen sind offensichtlich (Zeitersparnis durch Wegfall der Anfahrten, bessere Vereinbarkeit von Familie und Beruf). Die Arbeitnehmer müssen aber auch wissen, dass ein solcher Arbeitsplatz große Disziplin erfordert und dadurch zu einer erhöhten Gefahr der Selbstausbeutung führen kann. Es ist auf jeden Fall sinnvoll zu vereinbaren, dass mindestens an einem Tag in der Woche eine Präsenzpflicht im Unternehmen besteht.

5.2.4 Der arbeitsaufgabenbezogene Teilbereich

Dieser Aufgabenbereich beschäftigt sich mit der Zuordnung von Mitarbeitern und Arbeitsaufgaben. Diese Aufgabe stellt sich sowohl auf strategischer als auch auf operativer Ebene. Grundsätzlich geht man davon aus, dass in einem Unternehmen eine vorgegebene Stellenstruktur vorhanden ist und der einzelne Mitarbeiter aufgrund einer entstandenen Vakanz einer dieser Stellen zugeordnet wird. Das passiert zum Beispiel aufgrund von Pensionierungen, Kündigungen, längerfristigen Krankheiten und durch einen Elternurlaub. Entscheidend ist, dass der neu eingesetzte Mitarbeiter (intern durch Versetzung oder extern durch Neueinstellung) den vorhandenen Stellenanforderungen entspricht.

Bei kurzfristigen Einsätzen handelt es sich um **Vertretungseinsätze**, die aufgrund von Urlaubsabwesenheiten, Krankheiten oder aus vergleichbaren Gründen zustande kommen. Auch sie bedeuten für den jeweiligen Mitarbeiter die Übernahme von neuen Aufgaben, die aber im Normalfall seinem Profil entsprechen.

Wenn man in einem Unternehmen von einer vorgegebenen Stellenstruktur spricht, muss man davon ausgehen, dass entsprechende Personalinstrumente vorhanden sind, die eine adäquate Besetzung gewährleisten. Man spricht in diesem Zusammenhang von drei verschiedenen Arten von Instrumenten.

1. Instrumente zur Anforderungserhebung
- Stellenbeschreibung (Kapitel 4.2.3)
- Stellenplan (Kapitel 4.2.4)
- Stellenbesetzungsplan (Kapitel 5.1.5)
- Funktionsfolgeplan (Im Rahmen der Mitarbeiterflexibilisierung bzw. der Job Rotation wird im Zuge des regelmäßigen Wechsels von Arbeitsaufgaben oder Arbeitsplätzen ein sogenannter Plan festgelegt.)
- Anforderungsprofil (Kapitel 4.2.2)

2. Instrumente zur Eignungsvermittlung
- Beurteilungsgespräche oder Leistungsbeurteilung (Kapitel 4.2.5)
- Profilvergleiche (mit oder ohne Kompetenzmodell; Kapitel 7.4)

3. Instrumente zur Einsatzoptimierung

- IT-Lösungen
- Arbeitszeitflexibilisierung
- Regelungen zur Arbeitszeit, zu Überstunden und Urlaubsregelungen
- Nachfolgeplanung (Kapitel 5.3.2)
- Maßnahmen zur Arbeitssicherheit

Die richtige Zuordnung von Aufgaben ist ein wesentlicher Bestandteil eines funktionierenden Betriebs. Die erwähnten Instrumente sollten mit aller Sorgfalt angewandt werden, um so sicherzustellen, dass der richtige Mitarbeiter auf seinem Platz sitzt und er auch flexibel genug ist, um im Vertretungsfall einen anderen Aufgabenbereich zu übernehmen.

Es gibt inzwischen Unternehmen, die von ihren eigenen und von neuen Mitarbeitern erwarten, dass sie zumindest zwei verschiedene Aufgabenbereiche ausfüllen können.

Insgesamt muss festgestellt werden, dass die Personaleinsatzplanung gravierende Auswirkungen auf die Beschäftigten hat. Das gilt zum einen für die Vereinbarkeit von Berufs- und Privatleben (Work-Life-Balance) und zum anderen für die unterschiedlichen Altersphasen. In beiden Fällen muss dies von dem Unternehmen berücksichtigt werden. Durch den bereits beschriebenen demografischen Wandel und die daraus resultierende längere Arbeitsperiode können sich gesundheitliche und physische Einschränkungen der Arbeitnehmer ergeben, die auch in der Stellenstruktur berücksichtigt werden müssen. Bei den flexiblen, für die Arbeitnehmer zeitsouveränen Arbeitsformen muss die Problematik der Selbstausbeutung erkannt werden und ihren Niederschlag in den Vereinbarungen finden.

Personalkennzahlen, die für den arbeitsaufgabenbezogenen Teilbereich angewandt werden können, sind:

- **Führungsspannen:** Anzahl der Mitarbeiter zu Führungskraft
  Kann ein Vorgesetzter so viele Mitarbeiter führen?
- **durchschnittliche Arbeitszeit:** Gesamtarbeitszeit zu Anzahl der Mitarbeiter
  Abweichung von der tariflich vereinbarten Arbeitszeit? Dies ist im Zeitverlauf bedeutsam.
- **Überstundenquote:** Verhältnis tatsächlicher Arbeitszeit zu Sollarbeitszeit
  Maßstab für Überbelastung der Mitarbeiter, ggf. Personalunterdeckung
- **Betreuungsquote:** Anzahl Mitarbeiter in der Personalabteilung zu Gesamtbelegschaft
  Hinweise auf den Verwaltungsaufwand

5.3   Personalentwicklung

Die Personalentwicklungsplanung ist eine der Kernaufgaben der Personalplanung. Sie ist ein wesentlicher Wettbewerbsfaktor, um sich am Markt den
entscheidenden Vorteil zu verschaffen und erfolgreich zu sein. Der klassische
Begriff von Personalentwicklung umfasst den gesamten Bereich der Ausbildung, der Fortbildung und der Weiterbildung. Die Fragen, die gestellt werden
müssen, sind: Welche und wie viele Bildungsmaßnahmen sind erforderlich,
um die vorhandenen und/oder die neuen Mitarbeiter für die vorgesehenen Arbeitsplätze zu qualifizieren? Wie lässt sich die Diskrepanz zwischen den Fähigkeiten der Mitarbeiter und den Anforderungen des Arbeitsplatzes beseitigen?

5.3.1   Aufgaben der Personalentwicklungsplanung

Es geht bei der Personalentwicklung nicht nur um die Aus- oder Weiterbildung, sondern sie umfasst alle Maßnahmen, die der Optimierung der Mit-
arbeiterpotenziale dienen. Dabei geht es um die nachfolgend aufgeführten,
unterschiedlichen Themen:
- Bildung (Berufsausbildung, Umschulung)
- Förderung (Karriereplanung, Mitarbeiterentwicklungsgespräche, Coaching)
- Organisationsentwicklung (Teamentwicklung, Projektarbeit, Gruppenarbeit)

Im Rahmen der Personalentwicklungsplanung gibt es folgende Schwerpunkte:
- Schließen von Fähigkeitslücken
- Entwicklung von Führungskräften (Karriereplanung)
- individuelle Förderung von Mitarbeitern (Coaching)
- Veränderungsentwicklung (kognitiv, Einstellungen)
- Organisationsentwicklung.

Um den Prozess im Bereich der Personalentwicklungsplanung richtig zu gestalten, sollte man von folgenden Planungsschritten ausgehen:
- Sollerhebung (Erhebung der Soll-Qualifikationen z. B. durch eine Qualifika-
  tionsmatrix, Erhebung der Kompetenzprofile)
- Soll-Ist-Vergleich (Verfahren zur Durchführung eines Soll-Ist-Vergleiches)
- Personalentwicklungsmaßnahmen (Planung der Grundlagen der Personalentwicklungsplanung, Planung der Kosten)
- Evaluation und Kontrolle (Entwicklung von Instrumenten zur Überprüfung
  des Erfolgs der Personalentwicklung)

Ein anderer Ansatz betont die zu erledigenden Teilaktivitäten (vgl. Scholz 2000):

- Bestimmung der Fähigkeitslücke
- Ermittlung des Entwicklungspotenzials
- Ermittlung des Entwicklungsvolumens
- Festlegung des einzelfallspezifischen Adressatenkreises
- Festlegung der einzelfallspezifischen Maßnahmen
- Durchführung der Einzelfallmaßnahmen
- Kontrolle der Personalentwicklung

Für die Durchführung dieser Maßnahmen benötigt man die richtigen Instrumente. Die wichtigsten werden im Folgenden aufgeführt:

- Anforderungsprofile (Kapitel 4.2.2)
- Stellenbeschreibungen (Kapitel 4.2.3)
- Aufgaben- bzw. Funktionsmatrix
  Eine Matrix kombiniert Aufgaben und Personen. Langjährige Erfahrungen zeigen, dass ein Mitarbeiter maximal sieben Hauptaufgaben erledigen und einen Bereich mit circa fünfzehn Hauptaufgaben erfassen kann.
- Mitarbeitergespräch (Kapitel 4.2.6)
- Leistungsbeurteilung (Kapitel 4.2.5)
- Potenzialanalyse
  Es wird analysiert, welche Fähigkeiten des Mitarbeiters noch ausgebaut werden müssen. Dabei geht es um Arbeitsverhalten, Verhalten gegenüber Kollegen und Vorgesetzten, Führungsverhalten, persönliches Auftreten und intellektuelle Fähigkeiten.
- Testverfahren
  Eignungstests, mit denen die Möglichkeit besteht, Potenziale und Ressourcen eines Mitarbeiters zu erfassen. Es gibt am Markt eine Vielzahl von psychologischen Testverfahren, deren Erfolg und deren Qualität aber unbedingt zuvor geprüft werden muss.
- Assessment-Center (AC)
  Personalauswahlverfahren, in dem ein Gremium aus Führungskräften aus einer Anzahl von Bewerbern diejenigen auswählt, die den Anforderungen des Unternehmens und der zu besetzenden Stelle am besten entsprechen. Es läuft üblicherweise über zwei Tage und enthält unterschiedliche Schwerpunkte, wie z.B. eine Gruppendiskussion, Rollenspiele zum Thema Führung und Verkauf, Postkorbübungen zum Treffen von Entscheidungen, Präsentationen und ein Abschlussgespräch, in dem die Kandidaten erfahren, wo ihre Stärken und Schwächen liegen.
- Kompetenzmodell (Kapitel 7.4.3)

- Nachwuchsprogramme

  Für künftige Führungskräfte werden Programme entwickelt, die dazu die-
  nen, geeignete Mitarbeiter – ein AC wurde bereits absolviert – durch Auf-
  gaben und Projekte an die künftige Aufgabe heranzuführen.
- Job-Konzepte
  - Job Rotation – der Tausch von Arbeitsplätzen, um die berufliche Situ-
    ation zu verbessern
  - Job Enrichment – eine qualitative Aufwertung des Arbeitsplatzes durch
    Übertragung weiterer Aufgaben, ggf. auch Führungsaufgaben
  - Job Enlargement – eine Erweiterung bzw. eine Vergrößerung des Ar-
    beitsplatzes durch zusätzliche, ähnliche Aufgaben, die zu einer Ver-
    dichtung der Arbeitsteilung führt
- Nachfolgeplanung (Kapitel 5.3.2)
- Laufbahnplanung

  Beschreibung der Abfolge von Positionen im Karriereverlauf. Die Laufbahnplanung zeigt die Möglichkeiten eines Mitarbeiters auf, im Rahmen einer
  Personalentwicklung durch die Übernahme von Positionen seine Karriere
  zu entwickeln.

Laufbahnmöglichkeiten			
Führungshierarchie	F&E-Laufbahn (Fachlaufbahn)	Projektleiter-laufbahn	Absolute Parallelhie-rarchie (Fachlaufbahn)
Geschäftsführung			Höherer wissen-schaftlicher Berater
Bereichsleiter		Leiter A-Projekte	Wissenschaftlicher Experte
Abteilungsleiter	Experte F&E	Leiter B-Projekte	Wissenschaftlicher Experte
Teamleiter	Spezialist F&E	Leiter C-Projekte	Wissenschaftlicher Assistent

Abb. 37: Laufbahnplanung (Quelle: nach Weidemann/Paschen 2002, S. 148)

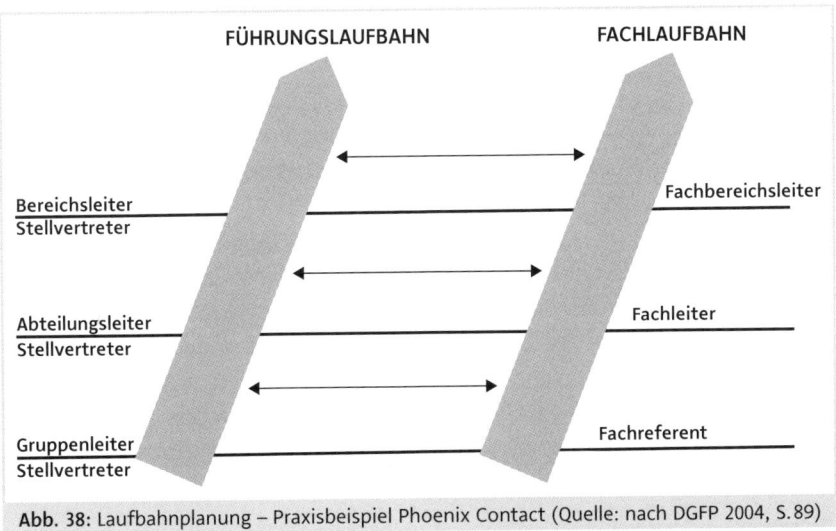

FÜHRUNGSLAUFBAHN   FACHLAUFBAHN

Bereichsleiter   Fachbereichsleiter
Stellvertreter

Abteilungsleiter   Fachleiter
Stellvertreter

Gruppenleiter   Fachreferent
Stellvertreter

Abb. 38: Laufbahnplanung – Praxisbeispiel Phoenix Contact (Quelle: nach DGFP 2004, S.89)

Ein nicht zu unterschätzender Faktor in der Personalentwicklung sind die anfallenden Kosten. Insbesondere in Krisenzeiten wird dies oft genug zum Anlass genommen, Einschnitte vorzunehmen. Wie kann man dem entgegnen?

Zum einen muss immer wieder deutlich gemacht werden, dass die interne Entwicklung von Mitarbeitern bis hin zu Führungskräften im Vergleich zur Einstellung von externen Mitarbeitern bzw. Führungskräften die kostengünstigere Variante ist. Zum anderen trägt die interne Entwicklung erheblich zum positiven Betriebsklima und zur Attraktivität des Unternehmens als Arbeitgeber bei.

Ungeachtet dieser Überlegungen sollte bezüglich der Kosten Transparenz die oberste Prämisse sein. Es geht darum, alle anfallenden Kosten, sowohl direkte als auch indirekte Kosten, aufzuzeigen, um die Möglichkeiten einer Verbesserung des Prozesses zu verdeutlichen. Beispiele für direkte Kosten sind die Kosten für die Unterkunft von Teilnehmern eines Seminars, die Kosten für einen externen Trainer oder Materialkosten für die Erstellung von Lehrmitteln. Bei indirekten Kosten geht es um Personalkosten für die Personalentwickler, für die internen Trainer, für die Personaladministration und anfallende IT-Kosten.

Aufstellung der gesamten Kosten für Bildungsveranstaltungen — Beispiel	
Als Beispiel soll eine 4-Tages-Veranstaltung für Abteilungsleiter geplant werden. Ziel des Seminars ist es, die Führungsfähigkeit der Abteilungsleiter zu verbessern. Es werden 15 Abteilungsleiter zu dem Seminar eingeladen.	
Arbeitsausfall je Teilnehmer und Tag 500 €; bei 15 Teilnehmern	30.000 €
Hotelkosten 15 x 4 Tage X 100 €; Reisekosten 15 x 150 €	6.000 € 2.250 €
Arbeitskosten für die Vorbereitung seitens der Weiterbildungsabteilung	750 €
Arbeitsmaterial für Teilnehmer	325 €
Honorar für Trainer	2.000 €
Gesamt	41.325 €

Abb. 39: Planung von Personalentwicklungskosten I (Quelle: Wickel-Kirsch 2016)

Prozessschritte	Direkte, auszahlungswirksame Kosten	Indirekte, nicht auszahlungswirksame Kosten
Innovations-/ Entwicklungsphase: • Beratungsgespräche und Auftragsspezifikation • Konzeptentwicklung/ Präsentation beim internen Kunden	Keine	Personalkosten für Beratung und Konzeptentwicklung
Realisation: • Interne Kursentwicklung/inhaltliche Planung • Erstellung der Kursunterlagen	Direkte Materialkosten für Lehrmittelerstellung oder Zukauf, Präsentationsmaterial	Personalkosten der Entwickler
Organisation: • Kursorganisation • Administration	Keine	Personalkosten für Anmeldeadministration, Teilnehmer-/Trainerkoordination, Organisation der Veranstaltung
Durchführung: • Externe Kursdurchführung • Interne Kursdurchführung	Reise-, Hotel-, Verpflegungskosten für Teilnehmer und Trainer, Raum- und Gerätemiete, Honorare externe Trainer, Spesen	Gehalt für interne Trainer
Controlling des • Erfolgs — am Schluss • Transfers — am Arbeitsplatz • Aktualisierung im PIS	Keine	Personalkosten der Verwaltung: Bearbeitung Teilnehmerumfragen, Statistik, Durchführung Transfercontrolling, Aktualisierung Datenbank

Abb. 40: Planung von Personalentwicklungskosten II (Quelle: Wickel-Kirsch 2016)

Folgende Personalkennzahlen können in der Personalentwicklung angewendet werden:

- Qualifizierungstage (intern/extern) pro Mitarbeiter
  Diese Kennzahl verdeutlicht die Bereitschaft zur Qualifizierung, aber nicht deren Qualität.
- Qualifizierungsaufwand pro Mitarbeiter
  Diese Kennzahl zeigt die Kosten, die das Unternehmen bereit ist zu investieren.
- Personalentwicklungsaufwandsquote
  Diese Kennzahl verdeutlicht den Anteil der Personalentwicklung am gesamten Personalaufwand.
- Anzahl der Mitarbeiter, die an PE-Maßnahmen teilnehmen, im Vergleich zu allen Mitarbeitern
  Diese Kennzahl liefert lediglich eine Grundinformation.
- Kosten pro internem PE-Tag – Gesamtkosten für interne PE-Maßnahmen im Vergleich zu den durchgeführten Tagen
  Diese Kennzahl ermöglicht einen Vergleich zu den externen Maßnahmen.
- Kosten pro extern durchgeführten Trainingstag – Gesamtkosten für externe PE-Maßnahmen im Vergleich zu den durchgeführten Tagen
  Diese Kennzahl ermöglicht einen Vergleich zu den internen Maßnahmen.

5.3.2 Nachfolgeplanung

Die Nachfolgeplanung ist ein wichtiger Bestandteil der Personalentwicklung. Sie hat das Ziel, die Nachfolge von Führungspositionen und Schlüsselpositionen rechtzeitig und anforderungsgerecht sicherzustellen. Dies heißt konkret, dass bei einem Abgang einer Führungskraft oder der drohenden Vakanz einer Schlüsselposition die entsprechenden Nachfolger rechtzeitig und ausgestattet mit den erforderlichen Qualifikationen zur Verfügung stehen.

Ein Unternehmen muss sich bei der Nachfolgeplanung folgende Fragen stellen:

- Welche Führungspositionen und welche Schlüsselpositionen werden wann vakant?
- Welches sind meine Schlüsselpositionen?
- Mit welchen Qualifikationen sollen die Positionen der Führungskräfte bzw. der Schlüsselpositionen besetzt werden?

Bevor die Fragen im Einzelnen behandelt werden, muss deutlich werden, warum die Nachfolgeplanung für ein Unternehmen so wichtig ist. Auch hier spielt das Thema Demografie eine erhebliche Rolle. Ein Betrieb muss sicherstellen, dass langjährige Mitarbeiter, die auf Führungspositionen oder Schlüsselpositionen gesessen haben, rechtzeitig durch adäquate Nachfolger ersetzt werden. Das wird durch die geburtenschwächeren Jahrgänge erheblich erschwert. Darüber hinaus ist der Markt durch diese Konstellation hart umkämpft. Das bedeutet, man muss langfristig Ausbildungsplätze planen und versuchen, befördert durch ein positives Arbeitgeberimage und mit einer attraktiven Laufbahnplanung, die wenigen Absolventen von seinem Unternehmen zu überzeugen. Nur dann gelingt es, rechtzeitig Nachfolger für die besagten Positionen zu finden. Der Prozess ist mit erheblichen Kosten verbunden (Entwicklungsmaßnahmen, Qualifizierungen und die erforderliche Planung), allerdings ist das Fehlen solcher Maßnahmen im Ergebnis ungleich teurer. Eine nicht vorhandene oder nicht ausreichende Nachfolgeplanung kann zu zahlreichen Vakanzen führen, die insbesondere im Bereich der Schlüsselfunktionen zu nicht kalkulierbaren Risiken und deutlichen Kostensteigerungen beitragen können. Ein weiterer Faktor ist die dann zu erfolgende Beschaffung der Kräfte am Markt. Auch sie führt zu steigenden Kosten und birgt das Risiko, nur Kandidaten mit nicht ausreichender Qualifikation zu finden. Des Weiteren birgt eine nicht ausreichend vorbereitete Nachfolge die Gefahr der Überforderung des jeweiligen Nachfolgers. Ein letzter und nicht zu unterschätzender Punkt betrifft die Wissensweitergabe. Ein Betrieb muss sicherstellen, dass das Wissen des Stelleninhabers im Betrieb bleibt (Wissensdatenbank), oder noch besser, dass der Stelleninhaber sein Wissen rechtzeitig an seinen Nachfolger weitergeben kann.

Zusammengefasst lässt sich sagen, dass sowohl eine vorhandene Laufbahnplanung für Mitarbeiter, die in eine gut vorbereitete Nachfolgeplanung übergeht, als auch die dadurch gegebene Risikominimierung verdeutlicht, dass dieses Instrument für die Unternehmen von erheblicher Bedeutung ist.

Um die zu Anfang aufgeworfenen Fragen zu beantworten und einen erfolgreichen Ablauf der Nachfolgeplanung zu installieren, müssen zunächst folgende Maßnahmen erfolgen:
- regelmäßige Personalanalysen
- Altersstrukturanalysen
- Befragungen zur Mitarbeiterzufriedenheit
- Entwicklung einer Sensibilität für die Nachfolgeplanung
- Kommunikation mit den Mitarbeitern über die Möglichkeiten der Laufbahn- und der Nachfolgeplanung

Der nachfolgend beschriebene **Prozess der Nachfolgeplanung** gliedert sich in die folgenden sechs Schritte:
- Schritt 1: Nachfolgeprinzipien formulieren
  Gilt intern vor extern? Geht das Leistungsprinzip vor dem Senioritätsprinzip?

- Schritt 2: Schlüsselpositionen definieren
  Schlüsselpositionen sind **nicht** hierarchiebezogen. Man erkennt sie an ihrer Bedeutung für das Unternehmen. Um sie herauszufiltern, stellen sich weitere Fragen, wie zum Beispiel: Was sind die zentralen Aufgaben in unserer Firma? Wo sind kritische Bereiche, die für die Firma unverzichtbar sind? Gibt es Wissensträger, die als einzige bestimmte Technologien beherrschen? Gibt es Vertriebsmitarbeiter, die eine überdurchschnittliche Anzahl wichtiger Kunden betreuen? Es geht bei diesen Positionen um Tragweite und Auswirkungen von Entscheidungen. Des Weiteren um Spezialwissen und um Komplexität der zu verantworteten Problemlösungen.
- Schritt 3: Anforderungsprofile auf Basis von Kompetenzen und Motiven festlegen
  Bei Vorhandensein eines bereichsspezifischen Kompetenztableaus können auch Kriterien wie Mobilität und Betriebszugehörigkeit berücksichtigt werden.
- Schritt 4: Potenzielle Nachfolger ermitteln (Matching)
  Abgleich von Anforderungen der Position und des Mitarbeiterprofils, darüber hinaus Mitarbeitergespräche und Potenzialanalysen. Frühe Einbindung der jeweiligen Führungskräfte.
- Schritt 5: Qualifizierungsbedarf ermitteln
  Aufgrund des genannten Abgleichs können ggf. Defizite ermittelt werden.
- Schritt 6: Nachfolger vorbereiten
  Dies erfolgt am besten durch ein Coaching oder durch Nachfolgeseminare. Im Idealfall arbeitet der Positionsinhaber seinen Nachfolger im Vorfeld des Wechsels ein und sorgt damit auch für den Übergang des vorhandenen Wissens.

Wenn die Nachfolgeplanung durch bereits vorhandene interne Pools erfolgt, sollten Sie Folgendes berücksichtigen:
- Lassen Sie in Ausnahmefällen auch Besetzungen außerhalb des Pools zu!
- Orientieren Sie sich bei der Größe des Pools an der Zahl der in Rede stehenden Positionen!
- Geben Sie den Mitarbeitern die Möglichkeit der Selbstbewertung!
- Schaffen Sie eine gute Mischung aus individuellen und allgemeinen Fördermaßnahmen!
- Qualifizieren Sie die Kandidaten durch eine gute Mischung von Maßnahmen on- und off-the-job!
- Planen Sie Maßnahmen zur unmittelbaren Vorbereitung auf die konkrete Stelle!

Mit vier Instrumenten kann die Nachfolgeplanung unterstützt werden:

1. Personalportfolio

Es werden fünf Schritte für die Erstellung eines Personalportfolios benötigt:

1. Auswahl der Analyseeinheiten und der Beurteilungskriterien
2. Analyse des Ist-Zustandes und dessen optische Darstellung
3. Planung des Soll-Zustandes in Form eines Zielportfolios, das die unternehmensstrategischen Anforderungen an das Personalressort widerspiegelt
4. Generierung von Personalstrategien zur Erreichung des Soll-Zustandes
5. Clusteranalyse

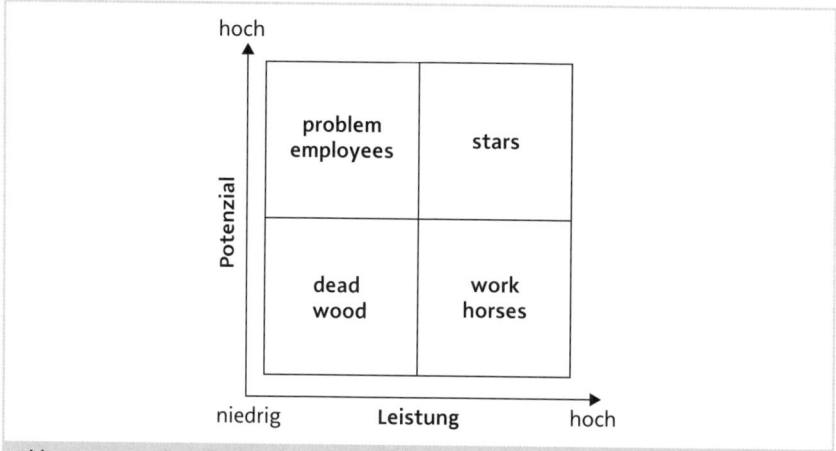

Abb. 41: Personalportfolio ... z.B. als Instrument der Nachfolgeplanung (Quelle: nach Odiorne 1984)

2. Individueller Nachfolgeplan für Schlüsselkräfte

Der individuelle Nachfolgeplan enthält vor allem die folgenden Angaben: Position, Stellenbezeichnung, Abteilung, wesentliche Anforderungen, notwendige Kompetenzen, derzeitiger Stelleninhaber, kurzfristiger Nachfolger (notwendige Qualifizierungen), mittel- bis langfristiger Nachfolger (notwendige Qualifizierungen).

3. Abteilungsbezogene Nachfolgelisten

Führungskräfte schätzen ihre Kandidaten ein.

4. Nachfolgeplanung nach hierarchischer Zuordnung

Der Positionsinhaber schätzt mit allen Mitarbeitern des Bereichs die Potenziale der Nachfolger ein.

Was bringt die Nachfolgeplanung und die damit verbundene Laufbahnplanung?

- Sie sichert die Mitarbeiterbindung durch das Aufzeigen von Zukunftsperspektiven und erhöht damit die Motivation und die Produktivität. Sie ermöglicht eine stärkere Bindung an das Unternehmen.
- Durch vorhandene Fach- und Projektlaufbahnen wird die Arbeitgeberattraktivität am Markt erhöht. Durch begleitendes Personalmarketing werden begehrte Kräfte am Markt auf das Angebot aufmerksam.
- Durch eine systematische Nachfolgeplanung werden die Kernkompetenzen eines Unternehmens sichergestellt, auch wenn der eine oder andere Schlüsselmitarbeiter das Unternehmen verlässt.
- Sowohl Laufbahn- als auch Nachfolgeplanung dienen als Basis für Personalentwicklungsmaßnahmen. Für die Beschäftigten werden dadurch Anreize geschaffen, an Qualifizierungsmaßnahmen teilzunehmen.
- Durch die Systematik der Planung ist die Gefahr einer Fehlbesetzung im Vergleich zu einer externen Einstellung, und damit auch die verbundenen Risiken, erheblich geringer.

Wenn Sie sich diesem Thema widmen, stellen Sie sicher, dass die Mitarbeiter gründlich über alle anstehenden Maßnahmen informiert werden. Sorgen Sie dafür, dass Sie von den Führungskräften sowie der Geschäftsleitung unterstützt werden. Nehmen Sie die regelmäßigen Maßnahmen auch zum Anlass, die Mitarbeiter über die berufliche Weiterentwicklung im Rahmen von Mitarbeitergesprächen zu informieren.

Beispiel für eine zukunftsorientierte Personalentwicklungsplanung
Zum Abschluss des Themas Personalentwicklungsplanung lernen Sie ein White Paper der Firma *von Rundstedt* (2013) kennen, die im Zusammenhang mit der demografischen Entwicklung einen Ansatz entwickelt hat, der alle bisherigen Ansätze über Bord wirft.

Von der Karriereleiter zur Mosaikkarriere
Das Unternehmen führt einen veränderten Karrierebegriff ein: Statt von der »Karriereleiter« wird der Begriff »Mosaikkarriere« verwendet. Das bedeutet, dass Karriereschritte zukünftig nicht nur von einer Stufe zur anderen verlaufen, sondern eben auch horizontal, diagonal, projektorientiert oder vertikal.

Umgedrehte Wirkungskette
Das zweite ungewöhnliche Merkmal ist die Einführung einer »umgedrehten Wirkungskette«. Bisher kannte man den folgenden Ablauf:
- ökonomische Anforderungen
- Stellenanforderungen

- Suche nach Potenzialträgern
- Matching

Zukünftig soll die »umgedrehte« Wirkungskette so aussehen: In Zeiten von immer weniger werdenden Talenten werden die besten, wenn möglich, eingekauft und es werden entsprechend ihrer Stärken und Talente passende Arbeitsplätze für sie geschaffen.

5.4   Personalfreisetzung

5.4.1   Grundsätzliches

Die Personalfreisetzung beinhaltet alle Aktivitäten, um Überkapazitäten einer Belegschaft auf allen Ebenen eines Unternehmens zu verringern. Das ist dann der Fall, wenn der Personalbestand größer ist als der Personalbedarf. Dann wird die Arbeitskraft der überzähligen Mitarbeiter nur noch zum Teil oder gar nicht mehr benötigt. Das bedeutet konsequenterweise aber nicht, dass die Belegschaft automatisch reduziert werden muss. Es kann ebenso bedeuten, dass Überstunden abgebaut oder Arbeitszeiten verkürzt werden müssen.

Die Gründe für eine solche Situation sind vielfältiger Natur. Es kann sich um eine Veränderung der Marktsituation durch neue Konkurrenten handeln, eine veränderte Technologielandschaft. Es kann sich um eine betriebliche Reorganisation handeln. Die Situation kann durch einen finanziellen Einbruch zustande kommen oder durch eine fehlerhafte Unternehmensstrategie. Ging es in der Vergangenheit meistens darum, sich von ungelernten Arbeitskräften zu trennen, geht es in der heutigen Zeit immer mehr um die Stammbelegschaft, also um gut bezahlte Spezialisten und vielfach auch um das Management.

Wenn ein Unternehmen in diese Situation kommt, ist es sehr wichtig, einen solchen Personalabbau sorgfältig vorzubereiten. Dazu gehört das Ausloten aller Möglichkeiten, die in einer derartigen Lage in Frage kommen. Eine weitere Frage ist, was das Unternehmen mit dem Personalabbau erreichen will.

Was ist das Ziel des Unternehmens? Was soll mit dem Personalabbau erreicht werden? Die Erfahrung zeigt, dass bei einem Ertragseinbruch oder einer finanziellen Schieflage üblicherweise ein Kostensenkungsprogramm initiiert wird. Ein Personalabbau bildet hier aufgrund der Größenordnung den Schwerpunkt. Durch Sachkosteneinsparungen oder Prozessverschlankungen wird die erforderliche Größenordnung zumeist nicht erreicht. Auch bei anderen Ursachen wie zum Beispiel eine Automatisierung, Missmanagement, Standortverlagerungen oder Reorganisationen steht in den Überlegungen immer die Senkung der Personalkosten im Fokus.

Natürlich liegt es weder im Interesse der Arbeitnehmer noch im Interesse des Unternehmens unabkömmliche und geschätzte Mitarbeiter zu verlieren. Es geht darum, alle vorhandenen Möglichkeiten auszuschöpfen. Die Entlassung von Mitarbeitern kann nur die Ultima Ratio sein.

5.4.2 Maßnahmen

Die Verantwortlichen im Unternehmen müssen überlegen, welche Maßnahmen sie anwenden können, um Entlassungen zu vermeiden. Wie kann also eine Personalanpassung erfolgen? Zunächst muss überlegt werden, in welchem Maße Veränderungen bei bestehenden Arbeitsverhältnissen vorgenommen werden können. Dabei wird zwischen Maßnahmen zur Bestandsanpassung, zur Arbeitszeitanpassung und zur dispositiven sowie örtlichen Anpassung unterschieden.

1. Maßnahmen der Bestandsanpassung
Zunächst einige Beispiele zur Bestandsanpassung:
- sofortige Einstellungssperre
- Ausnutzung der natürlichen Fluktuation
- Nichtübernahme von Auszubildenden
- Kündigung von Leih- und/oder Zeitarbeitsverträgen
- Nichtverlängerung von befristeten Arbeitsverträgen
- Förderung von freiwilligem Ausscheiden durch finanzielle Anreize
- Outplacement-Angebote
- Vorruhestandsangebote
- Aufhebungsverträge mit Abfindungsangeboten
- Änderungskündigungen
- betriebsbedingte Kündigungen

2. Maßnahmen der Arbeitszeitanpassung
Beispiele für eine Arbeitszeitanpassung:
- Altersteilzeitverträge
- Einführung oder forciertes Anbieten von Teilzeitarbeit
- Abbau von Mehrarbeit, Sonderschichten, Überstunden
- dauerhafte Kürzung der Regelarbeitszeit
- Kurzarbeit
- Verkürzung der Betriebszeit
- Vorverlegung des Jahresurlaubes

- unbezahlter Urlaub
- Arbeitszeitkonten
- generelle Flexibilisierung der Arbeitszeit
- andere Angebote zu unbezahlter Freizeit (Sabbatical)

3. Maßnahmen der dispositiven und örtlichen Anpassung
Beispiele für dispositive und örtliche Anpassung:
- Einfrieren der Vergütungen
- Reduzierung der Vergütungen
- Kürzung oder Streichung freiwilliger Sozialleistungen
- innerbetriebliche Versetzungen
- betriebsübergreifende Versetzungen
- Aufgabenumverteilung innerhalb und außerhalb des Betriebs
- Insourcing bisher zugekaufter Leistungen
- Schaffung einer Arbeitsreserve
- Verkauf von Unternehmensteilen
- Insourcing durch Übernahme von Arbeiten Dritter
- erweiterte Lagerhaltung
- Vorziehen von Reparatur-, Wartungs- und Erneuerungsarbeiten
- Ausgründung von Unternehmensteilen in eine Niedriglohnfirma

4. Möglichkeiten der Ertragssteigerung
Darüber hinaus sollten auch alle Möglichkeiten der Ertragssteigerung genutzt werden, um einen Personalabbau zu vermeiden:
- Gründung neuer Geschäftsfelder
- Innovationforum bilden
- Erschließung neuer Märkte

5. Maßnahmen im Sinne einer Reorganisation des Unternehmens
- Teamarbeit
- flachere Hierarchien
- Bildung von Profit-Centern
- veränderte Organisationskonzepte (z.B. das Total Quality Management (TQM) oder der Kontinuierliche Verbesserungsprozess (KVP))

5.4.3 Ablaufprozess

Man erkennt sehr deutlich, wie vielschichtig und komplex dieses Thema ist und was alles zu berücksichtigen ist. Besonders wichtig ist es, die richtigen Schritte in der richtigen Reihenfolge zu machen. Der dazugehörige Prozess könnte dann wie folgt aussehen:

Schritt 1: Ermitteln der Notwendigkeit einer Freistellung

- zukünftige Anzahl der Mitarbeiter
- zukünftig benötigte Qualifikationen
- künftige Einsatzorte
- zeitliche Voraussetzungen

Benötigte Instrumente sind Bildungs- und Karriereplanungen sowie Qualifikationsprofile.

Schritt 2: Ermittlung des tatsächlichen Freistellungsbedarfs

- Kosten für die Freistellung
- alternative Möglichkeiten zur Freistellung (siehe oben)
- Anzahl der benötigten Freistellungen

Die hierzu benötigten Instrumente sind zum Beispiel Leistungsbeurteilungen, Listen und soziale Kriterienkataloge.

Schritt 3: Durchführung der Auswahl

- Erarbeitung von Auswahlkriterien
- Planung einer sozial verträglichen Vorgehensweise
- Planung der internen und externen Kommunikation

Auch hier werden Listen mit sozialen Kriterien benötigt. Weiterhin sind Personalbestandslisten erforderlich.

Schritt 4: Umsetzung der Freisetzung

- Evaluation der Kosten und der Zeit
  Hierzu sind Kennzahlen zum Erfolg der Vorgehensweise erforderlich, wie zum Beispiel Weitervermittlungsraten.

Praxisbeispiel: Kosten der Personalreduktion			
Restrukturierungsaufwand			
Faktor (Monatsgehälter je Jahr Betriebszugehörigkeit)	1,2	1,5	2,0
	Bester Fall	Erwarteter Fall	Schlechtester Fall
Restrukturierungskosten in Euro			
Abfindung je FTE	100.779,7	125.849,6	167.632,8
Gehalt während der Kündigungsfrist je FTE	10.174,5	10.174,5	10.174,5

Praxisbeispiel: Kosten der Personalreduktion			
Restrukturierungsaufwand			
Anzahl FTE	58,0	58,0	58,0
Summe Abfindungen	5.845.222	7.299.277	9.722.703
Summe Gehälter während der Kündigungsfrist	590.118	590.118	1.180.236
Summe Restrukturierungskosten	6.435.340	7.889.395	10.902.939
Härtefond	500.000	750.000	1.000.000
Summe Restrukturierungskosten inkl. Härtefond	**6.935.340**	**8.639.395**	**11.902.939**

5.4.4 Einflussfaktoren

Ein weiterer wichtiger Punkt in diesem Prozess sind die Einflussgrößen. Wesentlich dabei sind die rechtlichen Rahmenbedingungen. Die Ausgestaltung der Freisetzung erfolgt unter anderem durch folgende gesetzliche Regelungen:

- Kündigungsschutzgesetz
- Bürgerliches Gesetzbuch
- Betriebsverfassungsgesetz
- Arbeitsplatzschutzgesetz
- Arbeitsförderungsgesetz
- Mutterschutzgesetz
- Jugendarbeitsschutzgesetz
- Altersteilzeitgesetz
- Schwerbehindertengesetz
- Berufsbildungsgesetz

Daneben müssen auch andere Vertragswerke Berücksichtigung finden:

- Tarifverträge
- Betriebsvereinbarungen
- einzelvertragliche Regelungen (insbesondere bei Führungskräften)

Dies bedeutet zusammengefasst, dass die Durchführung der Personalfreisetzung nur bedingt das Ergebnis freier Unternehmensentscheidungen ist. Das gilt insbesondere für schutzbedürftige Personengruppen. Das kollektive

Arbeitsrecht (Betriebsverfassungsgesetz) definiert zudem die Beteiligung des Betriebsrates am Entscheidungsprozess.

Neben den rechtlichen Rahmenbedingungen müssen auch die Situation am Arbeitsmarkt und die gesellschaftlichen Rahmenbedingungen berücksichtigt werden.

Situation am Arbeitsmarkt
Zunächst muss die interne Arbeitsmarktsituation analysiert werden. Gibt es Möglichkeiten, Mitarbeiter in einen anderen Betrieb zu versetzen (örtlich/ fachlich), der einen solchen Bedarf ausweist? Neben der erforderlichen Flexibilität der Mitarbeiter (örtliche Veränderung) muss geprüft werden, ob durch Schulungsmaßnahmen ein gegebenenfalls vorhandenes, fachliches Defizit ausgeglichen werden kann. Ist das gegeben, kann durch Mitarbeitergespräche und erforderliche Qualifizierungsmaßnahmen der Prozess angestoßen werden. Bezüglich des externen Arbeitsmarktes sollte durch Gespräche und Analysen der vorhandenen Zahlen sichergestellt werden, dass die betroffenen Arbeitnehmer durch den Markt aufgenommen werden können. Darüber hinaus sollte bei Bedarf an anderer Stelle des Unternehmens überlegt werden, ob dieser extern abgedeckt werden kann.

Gesellschaftliche Rahmenbedingungen
Hinsichtlich der gesellschaftlichen Rahmenbedingungen muss sehr genau beobachtet werden, wie ein Personalabbau das Image des Unternehmens negativ tangiert. Man darf nicht vergessen, dass es bei veränderter Marktlage auch wieder einen Bedarf an Mitarbeitern oder Nachwuchskräften gibt. Bei einem beschädigten Ruf wird es schwer, die richtigen und möglichst besten Kandidaten zu überzeugen, einen Arbeitsvertrag zu unterzeichnen. Im Zweifelsfall bedeutet das, mehr Geld für Neueinstellungen auszugeben.

5.4.5 Beschreibung wichtiger Maßnahmen

Zur Verdeutlichung sollen die wichtigsten Maßnahmen sowohl für die vorübergehende Reduzierung der Personalkapazitäten als auch für die dauerhafte Reduzierung etwas genauer betrachtet werden.

1. Maßnahmen zur vorübergehenden Kapazitätsreduzierung

a) Reduzierung der Mehrarbeit
Als Mehrarbeit bezeichnet man die Arbeitszeit, die über die gesetzlich zulässige regelmäßige Arbeitszeit hinausgeht. Das heißt, Überstunden liegen

bereits vor, wenn die tarifliche oder vertraglich festgelegte Arbeitszeit über-schritten wird. Als Alternative für einen geplanten Personalabbau bietet sich die Reduzierung oder Streichung der Mehrarbeit geradezu an. Dies ist auch eine permanente Forderung der Arbeitnehmervertreter und der Gewerk-schaften. Sollte diese Maßnahme ergriffen werden, ist es erforderlich, eine Überstundenstatistik für die vergangenen zwölf Monate möglichst auf Kos-tenstellenbasis anzufordern. Weiterhin benötigt man die geplanten Arbeits-zeitvolumina für die kommenden zwölf Monate, um dann, abzüglich einer gebotenen Reserve, die Größenordnung festzulegen, die als Einsparumfang in Frage kommt.

b) Insourcing

Ein nicht zu unterschätzendes Instrument in diesem Zusammenhang ist das Insourcing. Es geht hier um zwei Sachverhalte: Zum einen darum, Tätigkeiten, die bisher von Fremdfirmen erledigt wurden, zurück zu verlagern und von eigenen Mitarbeitern erledigen zu lassen. Als klassische Beispiele gelten hier Arbeiten, die nicht direkt zum Fokus des Unternehmens gehören wie zum Bei-spiel Reparaturservice, Lieferservice, Lagerhaltung usw. Zum anderen sollte man nach einer Marktanalyse in Erwägung ziehen, vergleichbare Tätigkeiten von kleineren Unternehmen zu günstigeren Konditionen im Unternehmen ab-wickeln zu lassen, um vorhandene Ressourcen zu nutzen.

c) Arbeitszeitflexibilisierung

In vielen Betrieben werden flexible Arbeitszeiten praktiziert, die den Aufbau von Arbeitszeitguthaben bzw. Minusstunden zulassen. Hier sollten zunächst die Guthabenstunden abgebaut werden. Der Umfang der Minusstunden kann situationsbedingt auch erweitert werden.

d) Kurzarbeit

Die Einführung von Kurzarbeit bedeutet, dass für eine bestimmte Zeitdauer die betrieblich vereinbarte Arbeitszeit und parallel dazu auch das entspre-chende Entgelt abgesenkt werden. Der Arbeitgeber kann seine Mitarbeiter aber nur unter bestimmten Voraussetzungen in Kurzarbeit schicken. Es muss eine Rechtsgrundlage vorhanden sein. Beispiele dafür sind Klauseln im Ar-beitsvertrag oder eine Regelung zur Kurzarbeit im Tarifvertrag oder einer Be-triebsvereinbarung. Ohne die Einschaltung des Betriebsrates ist diese Mög-lichkeit nahezu ausgeschlossen. Die Kurzarbeit muss für die Beschäftigten zumutbar sein. Sie kann nur vorübergehend sein und darf nur aus wirtschaft-lichen Gründen oder aufgrund eines unabwendbaren Ereignisses angewandt werden. Die Mindestdauer beträgt vier Wochen, es muss mindestens ein Drit-tel der Belegschaft betroffen sein und mehr als 10 % der Arbeitszeit.

e) Unbezahlter Urlaub

Diese Regelung wird in Deutschland nur sehr selten angewandt, da sie im Bundesurlaubsgesetz nicht vorgesehen ist und viele Arbeitnehmer es sich wirtschaftlich nicht erlauben können.

Das Arbeitsverhältnis ruht, und es wird seitens des Arbeitgebers keine Entgeltfortzahlung geleistet. Kündigungsschutz und Urlaubsanspruch bleiben bestehen. Durch verschiedene Gerichtsurteile wurde festgelegt, dass, wenn jemand während des unbezahlten Urlaubes erkrankt, es keine Entgeltfortzahlung gibt, und es besteht auch kein Anspruch auf Mutterschaftsgeld.

2. Maßnahmen zur dauerhaften Verringerung der Kapazitäten

a) Umwandlung von Vollzeit- in Teilzeitstellen

Als Teilzeitbeschäftigte gelten diejenigen Arbeitnehmer, deren regelmäßige Wochenarbeitszeit kürzer ist als die Arbeitszeit vollzeitbeschäftigter Arbeitnehmer des Unternehmens.

Durch die Umwandlung von Vollzeit- in Teilzeitstellen vermindert sich das individuelle Arbeitszeitvolumen. Mit dieser Maßnahme lassen sich weitere Arbeitsplätze sichern. Allerdings zeigt sich in der Praxis, dass die Produktivität der Teilzeitbeschäftigten weitaus höher ist, so dass die Umwandlung nicht im vollen Umfang der Sicherung der Arbeitsplätze zugutekommt. Aus Arbeitnehmersicht kann die Umwandlung dann positiv wirken, wenn sie auf Wunsch des Mitarbeiters erfolgt und gewährleistet ist, dass sie zu einem späteren Zeitpunkt wieder rückgängig gemacht werden kann.

b) Altersteilzeit

Unter Altersteilzeit versteht man ein durch das Altersteilzeitgesetz (AltTZG) geregeltes Modell, bei dem ältere Arbeitnehmer (ab 55 Jahre) für die verbleibende Zeit bis zur Rente (mindestens drei Jahre) ihre Arbeitszeit halbieren. Die Förderung durch die Bundesagentur für Arbeit bezog sich hier nur noch auf einige Fälle, in denen die Altersteilzeit vor dem 1.1.2010 begonnen hatte. Das bevorzugte Modell der Arbeitnehmer ist das sogenannte **Blockmodell**. In der ersten Hälfte der Altersteilzeit arbeiten die Mitarbeiter in Vollzeit (Arbeitsphase), erhalten aber bereits das reduzierte Altersteilzeitgehalt. In der zweiten Hälfte (Freistellungsphase) werden sie dann von der Arbeit freigestellt und beziehen weiterhin das reduzierte Entgelt. Im anderen Modell (Gleichverteilungsmodell) wird die Arbeitszeit über die gesamte Laufzeit auf die Hälfte reduziert. Das reduzierte Entgelt ist in beiden Modellen identisch.

c) Aufhebungsvertrag

Der Aufhebungsvertrag ist eine vertragliche Vereinbarung zwischen dem Unternehmen und einem Arbeitnehmer über die Auflösung des Arbeitsverhältnisses zu einem bestimmten Zeitpunkt.

Ein Aufhebungsvertrag bietet dem Unternehmen erheblich größere Vorteile als seinem Mitarbeiter. In erster Linie werden Kündigungsschutzklagen vermieden. Für den Arbeitnehmer kommt neben dem Verlust des Arbeitsplatzes hinzu, dass die Bundesagentur für Arbeit eine mindestens zwölfwöchige Sperrfrist für die Auszahlung des Arbeitslosengeldes verhängt. Sie kann nach derzeitiger Rechtsprechung nur dann darauf verzichten, wenn das Unternehmen erklärt, dass es bei Verzicht auf den Aufhebungsvertrag eine rechtmäßige Kündigung ausgesprochen hätte. Arbeitnehmer, die von Aufhebungsverträgen betroffen sind, sollten im Vorfeld grundsätzlich den Betriebsrat und/oder einen Fachanwalt konsultieren.

d) Transfergesellschaft

Transfergesellschaften sind eine im Sozialgesetzbuch (SGB III) vorgesehene Möglichkeit, Arbeitnehmer, die von Arbeitsplatzverlust bedroht sind, vor Arbeitslosigkeit zunächst zu bewahren und ihnen in einer anderen Firma unter veränderten Bedingungen eine neue Beschäftigung zu geben. Sie wechseln innerhalb der Kündigungsfrist auf der Grundlage eines neuen Vertrages in eine dafür neu errichtete Transfergesellschaft. Hier werden die Mitarbeiter geschult und auf eine neue Aufgabe vorbereitet. Die Bezahlung in der neuen Gesellschaft besteht aus Kurzarbeitergeld der Bundesagentur für Arbeit und wird im Regelfall seitens des bisherigen Arbeitgebers auf 80 bis 90 % des alten Nettogehaltes aufgestockt.

e) Kündigung

Sowohl der Arbeitgeber als auch der Arbeitnehmer können das Arbeitsverhältnis durch eine Kündigung des Arbeitsvertrages beenden. Die Kündigung ist eine einseitige, empfangsbedürftige Willenserklärung und bedarf der Schriftform.

Es wird zwischen einer ordentlichen und einer außerordentlichen Kündigung unterschieden.

Die **ordentliche Kündigung** beendet das Arbeitsverhältnis unter Beachtung der Kündigungsfrist. Für die Personalplanung ist insbesondere die betriebsbedingte Kündigung von Bedeutung. Beispielsweise kann sich durch den Wegfall eines großen Auftragsvolumens oder eines wichtigen Großkunden ein dauerhafter Personalüberhang ergeben. Gibt es in diesem

Fall kein sozialverträglicheres Mittel für den Abbau des Überhanges, kann der Arbeitgeber zu diesem Instrument greifen. Die von der Kündigung betroffenen Mitarbeiter sind mittels einer vom Unternehmen durchzuführenden Sozialauswahl zu bestimmen.

Auf der mybook-Seite zum Buch unter mybook.haufe.de finden Sie weitere Informationen zum Thema Personalabbau.

5.4.6 Umsetzung

Abschließend erhalten Sie einige Tipps, die bei der Umsetzung des Personalabbaus helfen können.

- respektvolle Zusammenarbeit mit den Arbeitnehmervertretern
- konstruktive Abstimmung mit den Arbeitnehmervertretern (Sozialplan/Interessenausgleich)
- Zusammenarbeit mit den zuständigen Behörden (Bundesagentur für Arbeit, Rentenversicherungsträger, Krankenkassen, Finanzbehörden usw.)
- Einbeziehung von Arbeitgebervertretungen
- Intensivierung der Öffentlichkeitsarbeit
- Verstärkung der internen Kommunikation
- Verstärkung der Personalabteilung
- Die Geschäftsleitung sollte eine Politik der offenen Tür betreiben und für die Sorgen und Nöte der Mitarbeiter ansprechbar sein.
- Gewährleistung einer rechtlich einwandfreien Vorbereitung und Umsetzung
- frühzeitige Erstellung eines detaillierten Projektplanes
- Einbeziehung aller betroffenen Gruppen
- ggf. rechtliche Unterstützung sichern (Fachanwalt)
- klares Kommunikationskonzept mit wenigen Ansprechpartnern (themenbezogen)

Auf der mybook-Seite zum Buch unter mybook.haufe.de finden Sie eine ausführliche Checkliste zum Thema Personalabbau.

6 Personalkostenplanung

Die Personalkostenplanung ist für die gesamte Personalplanung und ebenso für die Unternehmensplanung von großer Bedeutung. Aufgrund ihrer Größenordnung beeinflusst sie je nach Ausprägung die gesamte Gewinn- und Verlustrechnung.

6.1 Definition und Bedeutung

Die Personalkostenplanung hat die Aufgabe, die kostenmäßigen Auswirkungen aller personenbezogenen Maßnahmen zu definieren und zu überwachen (Großheim/Hoffmann 2014, S. 487).

Die Wichtigkeit der Personalkostenplanung wächst mit dem Anteil der Personalkosten an den Gesamtkosten. Die Einflussgrößen auf die exakte Höhe der Personalkosten sind sehr zahlreich. Eine präzise Personalkostenplanung ist in jedem Fall von entscheidender Bedeutung. Dies gilt umso mehr, je größer der Anteil der Personalkosten an den Gesamtkosten ist (größer als 50 %). In wirtschaftlich schwierigen Zeiten ist die Notwendigkeit einer sorgfältigen Personalkostenplanung erheblich größer. Gerade in solchen Zeiten ist es wichtig, eine vorausschauende und flexible Personalkostenplanung in die Wege zu leiten. Die Unternehmen müssen besonders in Krisenzeiten in der Lage sein, auf Veränderungen im Wettbewerbsumfeld kurzfristig zu reagieren. Aber auch bei positiver Unternehmensentwicklung spielt die Personalkostenplanung eine wichtige Rolle. So kann man zum Beispiel frühzeitig auf Veränderungen in der demografischen Entwicklung oder auf den Fachkräftemangel reagieren, indem man frühzeitig Investitionen in die eigene Personalentwicklung vornimmt. Darüber hinaus muss eine Reihe von betriebswirtschaftlichen Fragestellungen beantwortet werden:

- Welche Kosten entstehen?
- Wo entstehen die Personalkosten?
- Wann entstehen die Personalkosten?
- Wofür entstehen die Personalkosten?
- In welcher Höhe entstehen die Personalkosten?
- Wie werden sich die Personalkosten entwickeln?
- Wie lassen sich die Personalkosten beeinflussen?

Diese Fragestellungen werden in den folgenden Abschnitten behandelt.

Wie bereits im Zusammenhang mit der gesamten Personalplanung erwähnt, handelt es sich um eine derivative Planung. Dieses gilt umso mehr auch für die Personalkostenplanung. Das heißt auch, dass es nicht möglich ist, Kalkulationen von Preisen für Produkte oder Dienstleistungen ohne eine genaue Berechnung der Personalkosten vorzunehmen. Wenn die Personalverantwortlichen die Personalkosten und die Personalkostenplanung nicht im Griff haben, wird die gesamte Personalarbeit kritisch hinterfragt. Führungskräfte erwarten, dass die Personalkosten so gesteuert werden, wie es vom Unternehmen und in der Unternehmensstrategie vorgesehen ist.

6.2 Der Begriff Personalkosten

Personalkosten sind in jedem Unternehmen eine bedeutsame Größe. Der Anteil der Personalkosten an den Gesamtkosten unterscheidet sich je nach Art des Gewerbes.

Personalkosten sind alle Kosten, die durch den Einsatz von Mitarbeitern anfallen. Man spricht in diesem Zusammenhang davon, dass der Einsatz dispositiver und objektgebundener, menschlicher Arbeitsleistung in Betrieben aus Sicht des internen Rechnungswesens Personalkosten verursacht. Aus Sicht des externen Rechnungswesens wird von Personalaufwand gesprochen – in beiden Fällen von negativen Erfolgsbeiträgen des Personals.

Der **Personalaufwand** gliedert sich in folgende Bestandteile:
- Löhne und Gehälter
- soziale Abgaben
- Aufwendungen zur Altersversorgung (Zuführung zu Rückstellungen, Zinsanteil für bereits gebildete Rückstellungen, Zahlungen an andere Versorgungsträger, Aufwendungen für Unterstützungskassen)

Die **Personalkosten** gliedern sich in:
- Entgelt (Lohn, Gehalt von Tarifangestellten, Gehalt von außertariflichen Mitarbeitern, sonstiges Gehalt)
- Personalnebenkosten aufgrund von Gesetzen und Tarifregelungen (Arbeitgeberbeiträge zur Sozialversicherung, Tarifurlaub, bezahlte Ausfallzeiten, Schwerbehindertenabgabe, werksärztlicher Dienst, vermögenswirksame Leistungen, 13. Monatsgehalt, Berufsgenossenschaft usw.)
- Personalnebenkosten aufgrund von freiwilligen Leistungen (Kantinen, Wohnungsbeihilfen, Fahrtkosten, Betriebskrankenkasse, betriebliche Altersversorgung, Versicherungen, Arbeitskleidung, Sonderurlaub usw.)

Darüber hinaus sind auch die **indirekten Personalkosten** (personalinduzierte Sachkosten) zu berücksichtigen:

- Qualifizierungskosten, Trainingskosten
- Rekrutierungskosten (Marketing, Headhunter-Kosten)
- externe Mitarbeiter (Zeitarbeit, Leasing)

An anderer Stelle wird unterschieden zwischen Personalbasiskosten und Personalzusatzkosten. Zu den Basiskosten gehören alle Kosten, die im direkten Zusammenhang mit der Leistungserstellung stehen. Dazu gehören Gehälter und Löhne. Alle anderen anfallenden Kosten werden unter Zusatzkosten subsummiert.

Auf Basis der Statistiken des Statistischen Bundesamtes lagen 2012 in Deutschland die Personalzusatzkosten zwischen 14,90 Euro (Gastgewerbe) und 46,80 Euro (Energieversorgung) je geleistete Stunde. In einem Vergleich in der Europäischen Union lagen die durchschnittlichen Personalzusatzkosten in der Privatwirtschaft in Deutschland bei 31,00 Euro, im verarbeitenden Gewerbe bei 35,20 Euro. Damit liegt Deutschland im Vergleich auf Rang 5 von 27 Staaten.

Eine weitere Begriffsdefinition ergibt sich aus der Unterscheidung der faktororientierten und der prozessorientierten Sichtweise.

Unter **faktororientiert** versteht man alle Kosten, die mit dem Faktor Personal zusammenhängen:

- Grundgehalt
- variable Zahlungen (Bonus, Tantieme, Leistungslohn, Prämien, Provisionen)
- Beteiligungsmodelle
- Sonderzahlungen (Leistungsbonus)
- Altersversorgungsbezüge, Deferred Compensation
- Nebenleistungen (Kfz-Regelung, Darlehen, Essenmarken)
- Zulagen, Zuschläge (Leistungs-, Markt- und Sonderzulagen)
- Nachwuchskosten
- Abfindungen
- individuelle Gehaltsmaßnahmen
- Mehrarbeit
- personalinduzierte Sachkosten (Rekrutierung, Qualifizierung, externe Mitarbeiter)

Unter **prozessorientiert** versteht man die Kosten der Personalarbeit und die Entwicklung von Maßnahmen, mit deren Hilfe Transparenz in den Kostenstrukturen und -entwicklungen des Personalmanagements geschaffen wird.

Die Kosten der Personalarbeit wiederum lassen sich in **Primär- und Sekundärkosten** aufteilen. Unter **Primärkosten** versteht man einerseits die Personalkosten der Personalabteilung. Sie sind damit eine Teilmenge der faktororientierten Personalkosten. Andererseits umfassen sie die Personalprozesskosten für alle Personalprozesse des Unternehmens. Die **Sekundärkosten** setzen sich aus Miete, IT-Kosten und sonstigen prozessorientierten Sachkosten zusammen.

Im Rahmen der strategischen Personalkostenplanung spielt die Struktur der Personalkosten eine wichtige Rolle. Bei der Analyse differenziert man zwischen:

- Bestandskosten (Bereitstellungskosten gemäß quantitativen und qualitativen Personalbedarf)
- Aktionskosten (Kosten für Beschaffung – Inserate, Auswahlprozesse, für Entwicklung – Aus- und Weiterbildung, für Einsatz – Sozialplankosten)
- Reaktionskosten (als Folge von Planabweichungen – durch Fluktuation, Fehlzeiten, Krankheiten usw.)

Personalkosten im weiteren Sinne dagegen meint eine ähnliche Unterscheidung wie faktororientiert vs. prozessorientiert. Es wird unterschieden zwischen

- Personalkosten im engeren Sinn (Kosten des Personaleinsatzes – Personalgrundkosten – Lohn, Gehalt),
- Personalnebenkosten – per Gesetz, Tarif oder freiwillig und
- weiteren Personalkosten, die ähnlich wie bereits oben erwähnt, die Personalkosten der unterschiedlichen Prozesse zusammenfassen.

6.3 Einflussfaktoren auf die Personalkosten

Wenn man über die Personalkosten als solche spricht, darf man nicht nur die Größenordnung oder die Arten der Personalkosten betrachten, sondern man muss sich auch mit den Einflussfaktoren auseinandersetzen. Es gibt unternehmensexterne und unternehmensinterne Faktoren.

Unter den **unternehmensexternen Faktoren** versteht man:

- sozialrechtliche Vorgaben (Beitragssätze der Sozialversicherung)
- tarifvertragliche Bindungen

- gesetzliche Regelungen (Kündigungsschutzgesetz, Betriebsverfassungs-gesetz, Altersteilzeitgesetz oder auch Schutzgesetze für Mütter, Jugend und Schwerbehinderte)

Zu den **internen Faktoren** gehören:
- Betriebsvereinbarungen
- einzelvertragliche Regelungen (in erster Linie für Führungskräfte)
- freiwillige Sozialleistungen (Altersversorgung, Zulagen, Urlaub, Kantine usw.)

Durch diese Faktoren werden die Möglichkeiten der Beeinflussung der Personalkosten sehr stark eingeschränkt. Erfahrungsgemäß kann man davon ausgehen, dass die Größenordnung bei unter 10% der Gesamtkosten liegt. Unabhängig von diesen Einschränkungen gibt es trotzdem erwähnenswerte Stellschrauben, an denen die Verantwortlichen der Personalabteilung drehen können, um die Personalkosten eines jeden Mitarbeiters in der gewünschten Richtung zu beeinflussen.

Wie lassen sich Personalkosten beeinflussen? Woran kann sich die Bezahlung des Mitarbeiters orientieren?

Personalentgelt
Beim Personalentgelt geht es um die individuelle Entlohnung von einzelnen Mitarbeitern. Auf dieser Ebene geht es um Instrumente und Systeme zur Entgeltdifferenzierung. Es geht also um die Frage, woran sich die Höhe des Entgeltes orientieren sollte. Folgende Möglichkeiten werden in erster Linie genutzt:
- Zeit – Zeitlohn (Anwesenheit am Arbeitsplatz)
- Anforderungen – Anforderungsgerechter Lohn (Bewertung nach analytischen oder summarischen Verfahren; siehe Kapitel 4.2.7)
- Leistung – Leistungslohn, Akkordlohn, Prämien
- Hierarchie – Entlohnung entsprechend der hierarchischen Ansiedlung
- Sozialstatus – Entlohnung nach Familienstand, Betriebszugehörigkeit
- Lebensabschnitt – Entlohnung nach Alter
- Markt – Bezahlung entsprechend der Entgeltvergleiche am Markt
- Unternehmenserfolg – Ein Teil der Bezahlung erfolgt anteilig zum Erfolg des Unternehmens
- Qualifikation – Bezahlung entsprechend der besseren Formalqualifikation

Im Folgenden werden einzelne Differenzierungen weiter ausgeführt:

Zeit: Die Bezahlung des Mitarbeiters ist gemäß der Anwesenheit nach Stunden oder Tagen geregelt. Anforderungen oder Leistung werden nicht berücksichtigt. Vielfach wird der Zeitlohn als Basisbezahlung genutzt und daneben weitere Komponenten hinzugenommen.

Anforderungen: Bei dieser Entgeltfindung geht es darum zu beurteilen, wie anspruchsvoll die Position ist und welches Wissen, welche Denkleistung und welche Verantwortung dafür erforderlich sind. Aus einer Bewertung ergibt sich dann ein Wert für jede Stelle, der durch ein Bewertungssystem unterschiedlicher Art ermittelt wird (Kapitel 4.2.7).

Leistung: Bei einer leistungsbezogenen Bezahlung wird betrachtet, welche Leistung in einer vorgegebenen Zeiteinheit erbracht wird. Die sich daraus ergebene Bezahlung bezieht sich meist nur auf einen Teil des Lohns. Daneben besteht vielfach ein leistungsunabhängiger Basislohn. Der Leistungsteil wird als Zulage, Prämie oder Bonus gezahlt. Er kommt auch unter der Bezeichnung Prämienlohn oder Akkordlohn zum Tragen. Die Koppelung zwischen Zeitlohn und Leistungslohn kommt immer dann zum Einsatz, wenn die Leistung nicht eindeutig messbar ist und sie lediglich im Rahmen von Beurteilungsgesprächen erfasst wird.

Wichtig ist vor allem, dass die Unternehmen sich für die Art von Entlohnung entscheiden, die es möglich macht, den Mitarbeitern entsprechend ihren Leistungen und Fähigkeiten zu bezahlen. Das gewählte System sollte gerecht und vor allem transparent sein. Es sollte aber auch Möglichkeiten für die Arbeitgeber bieten, bei veränderter Wirtschaftslage flexibel zu reagieren.

6.4 Steuerung der Personalkosten

Jeder Verantwortliche in der Personalabteilung und auch jede Führungskraft kennt die folgende Situation: Ihr Unternehmen hat einen unvorhersehbaren Umsatzeinbruch erlitten. Es kommt zu erheblichen Liquiditätsproblemen. Die Geschäftsführung erwartet von Ihnen umgehend Vorschläge, mit denen die Personalkosten kurzfristig gesenkt werden können, ohne dass Personal entlassen werden muss.

Was ist zu tun? Wo können Sie ansetzen?

Das Ziel ist klar: Sie müssen Stellschrauben finden, die kurzfristig greifen, und gleichzeitig vermeiden, dass die Mitarbeiter ihre Motivation verlieren. Anderenfalls verlassen Leistungsträger das Unternehmen. Diese werden Sie aber benötigen, wenn sich die Auftragslage wieder stabilisiert.

Die folgende Übersicht fasst die wichtigsten Maßnahmen zur Steuerung der Personalkosten zusammen.

Kostenart	Maßnahme	Chance/Risiko
individuelle Gehaltsmaßnahmen	Streichung	sofortige Wirkung Demotivation
freiwillige soziale Leistungen (Essen, Betriebssport)	Streichung	sofortige Wirkung Demotivation
externe Arbeitnehmer	Auslaufen der Verträge	kurzfristige Wirkung geringes Risiko
Mehrarbeit	Reduzierung Streichung	kurzfristige Wirkung ggf. Kapazitätsprobleme
personalinduzierte Sachkosten (Marketing, Qualifikation, Headhunter usw.)	Reduzierung	kurzfristige Wirkung Marktrisiko Engpassrisiko
Einstellungsstopp		sofortige Wirkung Markrisiko
variable Gehälter	Reduzierung	kurzfristige Wirkung Demotivation
Auszubildende	keine Übernahme	kurz- und mittelfristige Wirkung großes Marktrisiko

Wie bereits in Kapitel 6.3 erwähnt, sind die Möglichkeiten der Personalkosteneinsparung ohne Entlassung von Mitarbeitern realistisch betrachtet sehr gering. Maximal 10 % der Personalkosten stehen für eine kurzfristige Streichung zur Verfügung. Aber auch bei diesem kleinen Teil muss davon ausgegangen werden, dass Mitarbeiter demotiviert werden und die Gefahr besteht, dass sie das Unternehmen verlassen. Es ist immer eine sinnvolle Vorgehensweise, sich auf derartige Situationen genauestens vorzubereiten. Die Personalkosten eines Unternehmens lassen sich in unterschiedliche Blöcke einteilen:

1. nicht steuerbare Bestandteile
   Dazu gehören z.B. die Fortschreibung der Kapazitäten und deren Bestandskosten, Sozialversicherungsanteile, Pensionsrückstellungen und ggf. tariflich zusätzlich vereinbarte Gehälter.
2. bedingt steuerbare Bestandteile
   Dazu zählen z.B. die Rückstellungen für variable Zahlungen und die Nachwuchs- und/oder Ausbildungskosten.
3. steuerbare Bestandteile
   Dazu gehören Kapazitätsveränderungen, individuelle Gehaltsmaßnahmen und die oben erwähnten Bestandteile.

Wenn Sie diese Aufstellung permanent aktualisieren, gehen Sie gut vorbereitet in die Gespräche mit der Geschäftsleitung.

6.5 Kennzahlen für die Personalkostenplanung

Zum Abschluss werden die wichtigsten Kennzahlen für die Personalkostenplanung aufgeführt:

Kennzahlen für die Personalkostenplanung	
durchschnittlicher Personalaufwand pro Beschäftigten	gesamter Personalaufwand × 100 : Gesamtzahl der Beschäftigten
Personalaufwandsstruktur	Personalaufwand für X × 100 : Gesamtpersonalaufwand
Personalaufwandsquote	Personalaufwand × 100 : Gesamtleistung/ Umsatz
Leistung pro Arbeitnehmer	Umsatzerlöse × 100 : durchschnittlich beschäftigte Arbeitnehmer
Leistung bezogen auf den Personalaufwand	Umsatzerlöse × 100 : Gesamtpersonalaufwand
Wertschöpfung pro Arbeitnehmer	Wertschöpfung × 100 : Gesamtzahl der Arbeitnehmer
Personalintensität	Personalkosten : Umsatz
Lohnquote	Lohnkosten : Umsatz
Personalkostenquote	Personalkosten : Gesamtkosten
durchschnittliche Kosten pro HR-Mitarbeiter	Personalkosten für HR-Mitarbeiter : Gesamtzahl der HR-Mitarbeiter
Quote für HR-Auslagerungskosten	Aufwendungen für HR-Outsourcing × 100 : HR-Gesamtkosten
Verhältniszahl HR-Vollzeitkräfte	Summe aller Vollzeitkräfte (VZK) : Summe VZK HR-Mitarbeiter
Umsatz-Personalkosten-Vergleich = Arbeitsintensität	Umsatz : Personalaufwand
Gesamtvergütungsentwicklung	Personalaufwand im lfd. Jahr × 100 : Personalaufwand für das vergangene Jahr
Anteil variable Vergütung	variabler Vergütungsanteil × 100 : Personalaufwand

Kennzahlen für die Personalkostenplanung	
Lohnnebenkostenanteil	Lohnnebenkosten × 100 : Personalaufwand
durchschnittliche Personalkosten pro Arbeitsstunde	durchschnittliches Mitarbeitergehalt : Anzahl der Sollarbeitsstunden pro Jahr
innerbetrieblicher Lohnfaktor	höchstes Gehalt im Unternehmen : niedrigstes Gehalt im Unternehmen
Lohnnebenkosten zu Gesamtgehaltsaufwand	gesamte Lohnnebenkosten : gesamte Gehaltskosten
Personalabteilungskosten pro Mitarbeiterkapazität	Kosten der Personalabteilung : Anzahl der Gesamtmitarbeiter
Überstundenquote	effektive Arbeitszeit – Sollarbeitszeit : Anzahl der VZK

6.6 Grundlagen der Personalkostenplanung

Die Bedeutung der Personalkosten für den Erfolg eines Unternehmens wurde bereits ausreichend beschrieben. Umso mehr ist es aus betriebswirtschaftlicher Sicht zwingend notwendig, sich mit dieser Thematik auseinanderzusetzen. Dies gilt besonders unter dem Gesichtspunkt, dass bei einer krisenhaften Unternehmenssituation eine schnelle Reaktion erfolgen muss.

Um zu realistischen Personalkostenplänen zu kommen, ist im Rahmen der Konzernplanung eine enge Abstimmung mit den Absatz- und Produktionsplänen unbedingt erforderlich. Man unterscheidet zwischen einer operativen Jahresplanung und einer mehrjährigen, rollierenden Mittelfristplanung (drei bis fünf Jahre). Bei einer mehrjährigen Betrachtung spricht man auch von einer **Personalinvestitionsplanung**. Kommt es im Laufe eines Jahres zu gravierenden Veränderungen, die durch unvorhersehbare Ereignisse entstanden sind, können unterjährige Anpassungen der Planung vorgenommen werden.

Die Verantwortung für die Durchführung der Maßnahmen der Konzernplanung hat im Unternehmen in der Regel das Konzerncontrolling (Financial Controlling). Es beinhaltet neben dem Zeitplan, der Planungsmethode auch die Systematik der Planung. Daneben gibt es die sogenannten Querschnittplanungen, wie zum Beispiel IT, Risikovorsorge, Raumplanung, Bauinvestitionen und natürlich auch den Personalaufwand.

Die Personalkostenplanung beinhaltet neben den Personalkosten die Planung der Vollzeitkräfte und die Planung der personalinduzierten Sachkosten. Die Verantwortung dafür liegt in den meisten Unternehmen beim Personalressort.

Nachdem vonseiten der Geschäftsplanung sowohl die strategische Ausrichtung des nächsten Jahres als auch die Ziele der folgenden drei bis fünf Jahre beschlossen wurde, erfolgt vonseiten des Konzerncontrollings die Festlegung der daraus abgeleiteten Rahmenbedingungen und des Zahlengerüstes. Aufgrund der daraus erfolgenden Planungen der Geschäftsfelder werden dann die Planungen der Querschnittplanungen festgelegt. Hier sei nochmals darauf hingewiesen, dass die Personalplanung eine derivative (abgeleitete) Planung darstellt. In einer Zusammenfassung kann für die Personalplanung Folgendes festgehalten werden:

- Sie ermittelt die zukünftigen Personalkosten eines Unternehmens.
- Sie dient der Vorkalkulation und der Kostenkontrolle.
- Sie unterscheidet zwischen Personalbasiskosten, Personalzusatzkosten und personalinduzierten Sachkosten.
- Sie ermittelt die erforderliche Zahl der Vollzeitkräfte.
- Sie errechnet die Kosten unter Berücksichtigung der Kostenänderungen verschiedener Faktoren.

Bezüglich der mehrjährigen Planungen spricht man auch von Personalinvestitionen, Human Resources Accounting, Humanvermögensrechnungen oder von der Human- oder Personalkapitalrechnung. Wie die Kosten beeinflusst werden, wurde bereits in Kapital 6.3 ausgeführt.

Wie sieht der Prozess der Personalkostenplanung im Einzelnen aus? Folgende Prozessschritte können vorgenommen werden:

- Planung vorbereiten
- Planungsgrundlage schaffen
- Einflussfaktoren berücksichtigen
- Was-wäre-wenn-Szenarien entwickeln
- Plandaten erzeugen
- Ergebnisse diskutieren/Review
- Ergebnisse verabschieden
- Controlling

Die **Planungsvorbereitung** verläuft vielfach in jährlichen Planungsrunden auf Basis der Geschäftsfeldplanungen. Es kommt darauf an, ob es sich um eine Bottom-up-Planung handelt oder auf Basis von Vorgaben der Unternehmensleitung um eine Top-down-Planung. In beiden Fällen sind Planungsrunden durchzuführen. Wobei im zweiten Fall die Vorgaben umzusetzen sind.

Eine zuverlässige **Grundlage für die Planung** bietet eine echte Lohn- und Gehaltsabrechnung, ein Organisationsplan für Mitarbeiter sowie die Statistik über die tatsächlich vorhandenen Mitarbeiter. Auf Basis der Gehaltsabrechnung kann man unter Berücksichtigung der sich verändernden Tarifentwicklung und der jährlich neu festgelegten Sozialabgaben die Planung starten. Die Gehaltsabrechnung ist die Datenbasis für alle Personalkostenbestandteile und beinhaltet neben den beiden schon erwähnten Faktoren alle Informationen über die Tarifgruppen, die Tariftabelle, Stufensteigerungen, den Arbeitgeberanteil bei den Sozialabgaben sowie alle Ein- und Austritte von Mitarbeitern. Auf Grundlage des Organisationsplanes werden die Geschäftsfelder in diese Planung mit einbezogen.

Durch die in Kapitel 6.3 beschriebenen **Einflussfaktoren** verändern sich die Personalkosten unterjährig. Deshalb ist es erforderlich, diese Veränderung bereits in der Personalkostenplanung mit zu berücksichtigen. Unter Einbeziehung der unterschiedlichen Einflussfaktoren ist es möglich, für einzelne Mitarbeiter sowie einzelne Stellen (Planstellen) detaillierte Kostenplanungen zu simulieren. Auf der Basis kann auch für Abteilungen, einzelne Gesellschaften oder unternehmensweit ein Planungsszenario durchgespielt werden, also ein sogenanntes **Was-wäre-wenn-Szenario**.

Für die **Erstellung der Plandaten** benötigt man eine möglichst präzise Abbildung aller Mitarbeiter sowie aller nicht besetzten Stellen in einem System. Dieses System muss mit den aktuellen Daten sowie mit den mit der Geschäftsleitung abgestimmten Planungsprämissen gefüllt werden. Die nicht besetzten Planstellen werden mit sogenannten Dummy-Bewertungen berücksichtigt. Diese ergeben sich zum Beispiel aus dem Durchschnittsgehalt vergleichbarer Stellen. Hieraus ergibt sich dann unter Berücksichtigung der von den Geschäftsbereichen genannten Bedarfe, der bereits bekannten Zu- und Abgänge sowie monetären Veränderungen ein erstes Ergebnis der Personalkostenplanung. Daraus ergibt sich dann eine **Diskussion und ein Review**, die entsprechend der Situation des Unternehmens durchaus öfter wiederholt werden können. Bei einem vertretbaren Ergebnis erfolgt danach die **Verabschiedung** durch das entscheidende Gremium (Geschäftsführung, Vorstand usw.). Um die in der Planung vorhandenen Unwägbarkeiten permanent zu beobachten, sollte im Nachhinein ein regelmäßiges **Controlling** erfolgen. Es ist nicht nur wichtig, die vorhandenen Risiken zu steuern, sondern darüber hinaus auch sicherzustellen, dass unvorhergesehene Ereignisse frühzeitig erkannt werden und entsprechend gehandelt wird.

Die sechs Schritte der Personalkostenplanung werden im Folgenden noch einmal in einem Praxisbeispiel dargestellt:

1. Planungsvorbereitung
   Festlegen der Planungsprämissen (Sozialversicherungssätze, monetäre Anpassungen, Personalkostenumlage inkl. Zuführung zu Pensionsrückstellungen, sonstige soziale Leistungen)
2. Genehmigung durch den Vorstand
3. technische Vorbereitung der Instrumente (maschinelle Personalkostenplanung)
   Ermittlung der Dummy-Bewertung vakanter Planstellen
   Sollstruktur der Planstellen
4. Durchführung der maschinellen Personalkostenplanung (inkl. Erstellung der Planstellenverzeichnisse, Kontenversionen und Budgetsummenlisten)
5. Prüfung und Berücksichtigung der Maßnahmen aus der Mittelfristplanung auf Aktualität sowie weitere zwischenzeitliche Vorstandsbeschlüsse.
6. Genehmigung der Personalkostenplanung durch den Vorstand.

6.7 Instrumente der Personalkostenplanung

In diesem Abschnitt lernen Sie die am häufigsten eingesetzten Instrumente der Personalkostenplanung kennen.

Personalkostenbudget
Was heißt eigentlich Budget, Budgetierung und Budgetplanung? Unter Budget versteht man eine zielorientierte und monetäre Größe, die für eine bestimmte Zeit (z.B. 12 Monate) verbindlich als Sollgröße vorgegeben ist. Die Budgetierung umfasst den gesamten Komplex der Budgeterstellung: die Vorbereitung, die Budgetverhandlung, die Vereinbarung von Budgetgrößen, die Verwaltung der Budgetinformationen in einem Informationssystem sowie die Budgetkontrolle. Der Begriff Budgetplanung bezeichnet ebenfalls die Aufstellung des Jahresbudgets (oder anderer Laufzeiten) und dessen Entwicklung oder Anpassung je nach Geschäftslage im Laufe eines Jahres.

Was die Planung an sich angeht, unterscheidet man zwischen drei Richtungen.

Die sogenannte **Top-down-Methode** besagt, dass die Ziele von der Leitung vorgegeben werden und die Abteilungen sie entsprechend umsetzen müssen. Der Vorteil hierbei ist die schnelle Umsetzung. Nachteilig ist oftmals die geringe Akzeptanz bei den untergeordneten Ebenen.

Als Zweites spricht man von der **Bottom-up-Methode**, also einer Planung von unten nach oben. Die einzelnen Bereiche erarbeiten ihre Budgets, anschließend erfolgt eine Verdichtung nach oben, so dass dann das Gesamtbudget entsteht. Ein Vorteil dieser Methode ist die hohe Akzeptanz und Umsetzbarkeit, nachteilig ist die mangelhafte Koordinierung, die längere Dauer und gegebenenfalls der geringere Anspruch.

Als Drittes spricht man von der **Gegenstrommethode**. Sie ist eine Kombination aus dem Top-down- und dem Bottom-up-Ansatz. Die Gegenstrommethode beginnt mit einem Top-down-Ansatz, wird dann auf den unteren Ebenen konkretisiert, gegebenenfalls werden Anpassungen vorgeschlagen. Im zweiten Schritt werden die Vorschläge aggregiert, um nochmals seitens der Leitung an die Ziele angepasst zu werden.

Das **Personalkostenbudget** ist sicherlich das bekannteste Instrument. Die Aufgabe der Budgetierung besteht darin, eine Verbindung zwischen strategischer und operativer Ebene zu schaffen. Auf der einen Seite müssen zentral vorgegebene Rahmenplandaten auf die einzelnen Bereiche oder Abteilungen verteilt werden. Dieses geschieht unabhängig vom einzelnen Mitarbeiter und vom einzelnen Arbeitsplatz. Auf der anderen Seite werden Plan- oder auch Ist-Werte aggregiert. Das heißt, dass sowohl strategische Daten als auch operative Ist-Daten verarbeitet werden.

Die Budgetierung selber ist ein Plan, der die Obergrenze des Personalaufwands für einen Bereich, eine Abteilung oder ein Unternehmen für eine bestimmte Zeitspanne (in der Regel ein Jahr) darstellt. Diese Obergrenze wird meistens starr gehandhabt. Sie gibt damit die Höhe der zur Verfügung stehenden Mittel an. Das Budget erfüllt zwei Funktionen. Es dient als Führungsgröße und fungiert als Vorgabe für die untergeordneten Bereiche. Darüber hinaus kann es auch eine motivierende Wirkung haben, wenn die Budgetgröße die Bedeutung einer Einheit widerspiegelt.

Um die Funktionen zu erfüllen, ist folgendes Vorgehen üblich:
- Erfassung des Ist-Entgeltes
- Erfassung des voraussichtlichen Entgeltes
- Erfassung tarifbedingter Entgeltsteigerungen
- Angabe der voraussichtlichen durchschnittlichen Überstundenvergütung
- unternehmensindividuelle Ermittlung von Nebenkosten
- Erfassung von freiwilligen Zulagen.

Hinsichtlich der Einflussfaktoren auf die Budgethöhe unterscheidet man zum einen die **Mengenkomponente**. Die beiden Faktoren sind der **quantitative**

Personalbedarf, der aus der Entwicklung der Geschäftsfelder, der vorgenommenen Investitionen, der Steigerungen der Produktivität und den Rationalisierungserfolgen entsteht, sowie der **qualitative Personalbedarf**, der sich aus den Qualifikationen der Mitarbeiter und der gesamten Personalstruktur ergibt. Zum Zweiten ist es die **Preiskomponente**, die sich aus den tariflichen sowie außertariflichen Anpassungen, den Marktanforderungen sowie den gesetzlichen Änderungen (Sozialversicherungen, Einkommensteuern usw.) ableiten lässt. Als Drittes die **Ertragskomponente**, die sich aus der Frage ergibt: Was können wir uns leisten?

Mit dem Personalkostenbudget wird ein Instrument vorgestellt, das geeignet ist, um eine planmäßige und wirtschaftliche Steuerung zu erreichen. Am Beispiel eines Unternehmens, das ein zentrales Personalkostenbudget mit einer Steuerung über Teilbudgets eingeführt hat, können folgende Ziele genannt werden:

- Transparenz über Personalkosten und Personalressourcen schaffen
- Steuerung des gesamten Personalbudgets erreichen
- Personalprozesse vereinfachen
- Eigenverantwortung der Bereiche oder Abteilungen insbesondere über Teilbudgets stärken
- Flexibilität der Kosten steigern
- Schaffung klarer Verantwortlichkeiten
- Aufbau von Know-how in den Bereichen

Das Ziel ist es, durch die Steuerung des Personalaufwands einen wertschöpfenden Beitrag zur Optimierung des Unternehmensergebnisses zu leisten. Argumente, die ein solches Verfahren für zu aufwendig halten, kann man durch klare und transparente Informationen entgegenwirken.

Durch ergänzende Maßnahmen wie …
- das Heranziehen von Arbeitsmarktstudien,
- die Beratung unter der Berücksichtigung betriebswirtschaftlicher Rahmenbedingungen und Marktkenntnisse,
- klar strukturierte Prozesse sowie
- die Einbeziehung aller Verantwortlichen in den Bereichen
festigt man die Akzeptanz bei den dezentralen Einheiten und Bereichen sowie bei den verantwortlichen Leitungen.

Ein Budget könnte beispielhaft wie folgt aufgebaut sein:

Ausgangsbudget für vorhandene Stammkräfte
+ individuelle Gehaltsmaßnahmen
+ leistungsorientierte Vergütung

+ Nachwuchsbudget
+ Mehrarbeitsbudget
+ Abfindungsbudget
+/– Kapazitäts-Zugänge/-Abgänge
+ sonstiges (Reinigungskräfte usw.)

Die Möglichkeiten, die sich aus der dargestellten Teilsteuerung ergeben, schaffen die von den Bereichen gewünschte Flexibilität:

- Löhne und Gehälter (monetäre Bewertung der beschlossenen Kapazitäten) lassen sich nur über Mengenveränderungen beeinflussen.
- Rückstellungen variabler Zahlungen (Bewertung über verabschiedete Modelle und Geschäfts- und Marktdaten), Eingriffsmöglichkeiten nur über Veränderung der Modelle.
- Altersversorgung (Transparenz über Aufwand), Eingriff nur über Kündigung von Betriebsvereinbarungen.
- Nachwuchskosten (systematische Investitionen statt Einkauf teurer Mitarbeiter vom Markt), Kostensenkungen sind kontraproduktiv und nur aus den ersten Blick kostensenkend.
- Individuelle Gehaltserhöhungen (Verbesserung der Bezahlung von Leistungsträgern) sind beeinflussbar unter Berücksichtigung der Wirkung auf die Motivation der betroffenen Mitarbeiter.
- Abfindungen (entsprechend der Sozialpläne entweder über Restrukturierungsaufwand oder direkt über die veranlassende Kostenstelle verbucht), keine Beeinflussung.
- Mehrarbeit (nur im Zusammenhang mit den Kapazitäten zu beurteilen), Kontrolle erfolgt über die Führungskräfte.
- Sozialleistungen (gesetzliche Maßnahmen oder freiwillige Betriebsmaßnahmen), beeinflussbar nur bei Freiwilligkeit über die Kündigung von Betriebsvereinbarungen.

Durch die Aufzählung der Steuerungsmöglichkeiten wird darüber hinaus auch deutlich, wer für die Personalkosten verantwortlich ist und in welchem Rahmen eine flexible Handhabung möglich ist. Die nochmals aufgeführte Klarstellung, dass 70% des Budgets kaum steuerbar ist, muss immer wieder gegenüber den Verantwortlichen kommuniziert werden. Nur Kündigungen, das Ausscheren aus dem Tarifbereich, die Kündigung von Betriebsvereinbarungen oder die Änderung von gesetzlichen Regelungen könnten daran etwas ändern. Aber auch der Blick auf den Rest des Budgets verdeutlicht, dass kurzfristige Kosteneinsparungen gut vorbereitet werden müssen und nicht umgehend realisiert werden können.

Maschinelle Personalkostenplanung

Auf Basis eines genehmigten Stellenplans des laufenden Jahres wird die Organisationsstruktur des Unternehmens abgebildet:

Besetzte Planstellen	Ist-Gehalt zzgl. Prämissen
unbesetzte Planstellen (durchschnittlicher Wert) inkl. Prämissen	Vakanzengehalt

Die Prämissen sind:

- monetäre Anpassungen (Tariferhöhungen oder außertarifliche Erhöhungen sowie Festlegung der variablen Zahlungen)
- Beitragssätze zur Sozialversicherung (Arbeitgeberanteile, Änderungen der Beitragsbemessungsgrenzen)
- Personalkostenumlage (Pensionsrückstellungen, Berufsgenossenschaft usw.)
- variable Leistungen im Tarifbereich und sonstige soziale Leistungen.

Als Fazit zum Thema Personalkostenbudget bleibt festzuhalten, dass eine Budgetierung, auch eine Teilbudgetsteuerung, zu einer klaren Transparenz der Steuerungsmöglichkeiten führt. Mit den Eingriffsmöglichkeiten wird die Zielrichtung des Unternehmens unterstützt, das Ergebnis zu verbessern. Die Verantwortung der Geschäftsbereiche wird deutlicher und so kann im Falle einer Negativentwicklung im Unternehmen die Geschäftsleitung auf Vorschlag des Personalressorts schneller gegensteuern.

Zero-Base-Budgeting

Das Zero-Base-Budgeting wurde in den 60er-Jahren des letzten Jahrhunderts von der Firma Texas Instruments entwickelt. Es hatte ursprünglich die Funktion, Entwicklungsprojekte und Kosten-Nutzen-Relationen zu untersuchen. Heute ist es ein Instrument, um die eigene Personalplanung zu rechtfertigen. Jeder Verantwortliche muss eine vollständige und detaillierte Rechtfertigung seines Budgets liefern. Es ist damit erforderlich, vor jeder neuen Budgetplanung von Null auf zu beginnen. Das bedeutet, dass das alte Budget nicht einfach fortgeschrieben werden kann, sondern jede Position von Grund auf neu diskutiert werden muss.

Der Ablauf des Zero-Base-Budgetings sieht wie folgt aus (vgl. Scholz 1993):
1. Formulierung der strategischen und operativen Ziele.
2. Festlegung der Entscheidungseinheiten als Summe der Aktivitäten. Die Verantwortlichen müssen die Aktivitäten beschreiben und Personal- und Sachkosten zuordnen. Nach erfolgter Benennung der Leistungsempfänger erfolgt eine Analyse.

3. Im dritten Schritt wird das Leistungsniveau bestimmt. Dazu gehören die wünschenswerten Leistungen, beschriebene Arbeitsabläufe und ein Minimalniveau.
4. Im Nachhinein werden für das jeweilige Leistungsniveau Alternativen für das wirtschaftlichste Verfahren gesucht.
5. Festlegung der Entscheidungspakete (spezifisches Leistungsniveau einer Entscheidungseinheit).
6. Rangordnung der Entscheidungspakete unter Abwägung von Kosten und Nutzen.
7. Einbeziehung der verfügbaren Mittel und Bestimmung des zu realisierenden Leistungsniveaus. Pakete darunter werden auf einen späteren Zeitpunkt verschoben.
8. Festlegung der Maßnahmen zur Realisierung der beschlossenen Leistungspakete.
9. Konkretisierung der Budgets, Freigabe und Überwachung der Umsetzung.

Vorteile dieses Systems sind die optimale Ressourcenallokation, die Kostensenkung und die Verbesserung der Kommunikation im Unternehmen. Nachteilig ist der hohe Arbeits- und Zeitaufwand. Dies ist der Grund, weshalb das Instrument in erster Linie nur in größeren Unternehmen eingesetzt wird.

Gemeinkostenwertanalyse
Während es beim Zero-Base-Budgeting schwerpunktmäßig um eine Ressourcenverschiebung geht, ist die Gemeinkostenwertanalyse in erster Linie ein Instrument zur Kostensenkung. Ausgehend von einer Analyse der Kostenstrukturen (Welche Aufgabe verbraucht wie viele Kapazitäten?) wird eingehend geprüft, inwieweit die Aufgaben in dieser Form erforderlich sind und ob es Alternativen gibt.

Auch das Instrument der Gemeinkostenwertanalyse lässt sich in acht Schritten darstellen (vgl. Scholz 1993):
1. Ist-Analyse (Sammlung von Fakten zur realisierten Leistung der jeweiligen Stellen).
2. Untersuchung der Kosten-Nutzen-Relation sowie der Stärken und Schwächen. Zusätzlich findet eine Evaluierung der Gemeinkostenentwicklung statt.
3. Die Evaluierung führt zu konkreten Kostensenkungszielen für die jeweiligen Bereiche.
4. Zur Umsetzung der Vorgaben werden alternative Möglichkeiten in Betracht gezogen. Jede Leistung wird daraufhin geprüft, ob sie:
   a) vollständig abzuschaffen ist
   b) sich schrittweise abbauen lässt

   c) ihre Qualität gesenkt werden kann

   d) ihre Quantität reduziert werden kann

   e) ihre Häufigkeit reduziert werden kann

   f) durch eine andere Leistung ersetzt werden kann

5. Die Alternativen werden entsprechend ihrer Wirksamkeit und Realisierbarkeit in eine Rangfolge gebracht.

6. Die Geschäftsleitung beschließt die zu realisierenden Maßnahmen und deren Umsetzungstermine.

7. Realisierungsphase.

8. Kontrollphase.

Fazit: Die Gemeinkostenwertanalyse ist eine ausgereifte Methode zur Kostensenkung, die aufgrund ihrer Komplexität in erster Linie in großen Unternehmen angewandt wird. Einsatzgebiete sind vor allem die indirekten Leistungsbereiche mit einem hohen Anteil von Gemeinkosten. Sie kann in der Praxis zu Einsparungen von 10% bis 20% führen. Laut der Beratungsfirma McKinsey kann ihre Anwendung sogar bis zu 40% der Kosten einsparen. Aus der Gemeinkostenwertanalyse resultierende Outsourcing-Projekte sind durchaus kritisch zu sehen, da sie neue Schnittstellen schaffen und die Produktivität nicht immer steigern.

Better Budgeting

Bei diesem Ansatz moderner Budgetierung wird die traditionelle Budgetierung nicht in Frage gestellt. Vielmehr wird versucht, durch verschiedene Verbesserungsmaßnahmen die Qualität und die Effizienz der bestehenden Systeme und Methoden zu steigern. Typische Reformen sind zum Beispiel eine vorsichtige Verringerung der Detailtiefe der Planung, eine verbesserte IT-Unterstützung des Prozesses sowie die Einführung von sich wiederholenden Forecasts. Man spricht von einer **Optimierung von Planung und Budgetierung**.

Laut einer Zusammenfassung von Weber & Lindner (2008) lässt sich das Better Budgeting in zehn Aspekten zusammenfassen:

1. Budgets sollen an dynamische Umfelder angepasst werden. Dies erfolgt durch Koordination der Budgets.

2. Flexibilisierung und Verkürzung des Budgetprozesses durch Budgetvereinfachung (Vereinbarung und Verabschiedung). Das Subsidiaritätsprinzip soll dabei auch beachtet werden.

3. Fokussierung auf erfolgskritische Prozesse und damit Reduzierung der Anzahl erforderlicher Budgets. Dadurch wird der Prozess entfeinert. Auf taktische Budgetierung wird in Anbetracht der dynamischen Umwelt verzichtet.

4. Stärkere analytische Planung soll die vergangenheitsorientierte Fortschreibungsplanung ersetzen.
5. Ziele leiten sich nicht, wie in der traditionellen Budgetierung, von intern orientierten Vorgaben, sondern von marktorientierten und per Benchmark identifizierten Zielen ab.
6. Durch den Einsatz der Balanced Scorecard soll sich die Budgetierung stärker an der Strategie orientieren.
7. Wechsel von der kalenderjahrorientierten Planung hin zu einer rollierenden Zwölf- oder Achtzehnmonatsplanung. Damit wird der Druck vom Jahresende entzerrt.
8. Partizipation – Durch Mitwirkung der Budgetverantwortlichen und Reduzierung der Budgetkontrollen kommt es zu einer Verstärkung der Selbstkontrolle.
9. Die Planerreichung soll von der Vergütung bzw. Anreizgewährung abgekoppelt werden, um so zu realistischeren Planungszahlen zu kommen.
10. Beschleunigung des Planungsprozesses durch Einsatz spezialisierter Planungs- und Kontrollsoftwaresysteme, um so den Arbeitsaufwand zu reduzieren.

Instrumente, die das Better Budgeting unterstützen, sind **Zero Base Budgeting** (siehe oben), das **Kaizen Budgeting** (Kaizen bedeutet auch in diesem Zusammenhang »kontinuierliche Verbesserung«) und, wie bereits erwähnt, die **Balanced Scorecard**.

Die Umsetzung dieses Konzeptes ist im Vergleich zu anderen Budgetansätzen einfacher, da keine grundsätzlichen Paradigmenwechsel hinsichtlich der Steuerungsphilosophie stattfinden. Trotz aller Anstrengungen und der Umsetzung dieses Konzeptes in die Praxis ist es bis heute nicht gelungen, die Probleme der klassischen Budgetierung zu lösen.

Die Vorteile des Better Budgeting liegen in erster Linie in der Aufwandsreduzierung. Durch diese Effizienzsteigerung können die gewonnenen Kapazitäten für eine Qualitätsverbesserung genutzt werden.

Advanced Budgeting

Das Advanced Budgeting geht einen Schritt weiter als das Better Budgeting. Es unterstellt, dass mittelfristig die Bedeutung der Budgets abnehmen wird. Auch bei dieser Methode werden Maßnahmen umgesetzt, die eine Steigerung der Planungsqualität bei gleichzeitiger Verringerung der eingesetzten Ressourcen erreichen sollen. Die große Herausforderung besteht darin, aus dem Topf unterschiedlicher Methoden, Tools und Instrumente diejenigen herauszufiltern, die am wirkungsvollsten sind und gleichzeitig in eine Gesamtkonzeption passen. Im Gegensatz zur klassischen Budgetierung hat diese Methode einen zukunftsorientierten Charakter. Sie ist aber nicht vergleichbar mit der Prognose, die nur auf eine Vorhersage der Zukunft abzielt. Ein weiterer Unterschied zeigt sich zu Beginn des Prozesses. Basis sind Zielvorgaben und nicht aus der Vergangenheit abgeleitete Planwerte.

Die wesentlichen Merkmale des Advanced Budgeting (nach WEKA):

- **starke Strategieanbindung**
  Formulierung von Strategien und Zielen statt finanziellen Größen, dadurch Vereinfachung der Umsetzung strategischer Überlegungen in operative Maßnahmen und in operative Budgets.
- **Benchmark-orientierte Planung**
  Umsetzung extern orientierter Benchmarks als Basis für die Budgeterstellung und damit als Grundlage für alle weiteren Planungen, Wegfall intern orientierter Kostenziele.
- **Höhere Aggregationsstufe**
  Statt detaillierter Budgets Globalbudgets. Keine Planung aller Kostenarten, dafür Zusammenfassung zu einer Position. Nur in besonders dynamischen Geschäftsfeldern mit hoher Komplexität ist eine tiefere Planung erforderlich.
  Einsatz nicht finanzieller Steuerungsinstrumente Kein Einsatz monetärer Größen, stattdessen z. B. Balanced Scorecard.
- **selbst adjustierende Ziele**
  Budgetziele werden nicht absolut, sondern – vor allem im marktnahen Bereich – relativ absolut definiert; relativ zu anderen Parametern und damit auch selbstadjustierend (z. B. Umsatzziele nicht absolut, sondern auf Basis des relativen Marktanteils).

Ähnlich formulieren Horvath & Partners (2004) die Merkmale:
- Selbst adjustierend relative Ziele ersetzen die starren (Budget-)Ziele.
- Der Schwerpunkt liegt auf relevanten Performancegrößen statt reiner finanzieller Größen.
- Es sollten alle Leistungsebenen berücksichtigt werden, anstatt bestimmte Bereiche zu fokussieren.
- Ersetzung des input-orientierten Kostenartenfokus durch einen output-orientierten Prozessfokus.
- Benchmark orientierte Ziele statt intern orientierte Ziele.
- Statt eines reinen Jahresbezugs sollte eine dynamisch rollierende Sichtweise den Planungsprozess bestimmen.
- Integrierte strategische Planung statt autonomer strategischer Planung.
- Globalbudgets und relevante Detailbudgets statt detaillierter Budgets für vielerlei Objekte.

Weitere Leitmotive des Advanced Budgeting sind die Verbindung von Teilplänen (strategische und operative als auch Bilanz-, Finanz- und Erfolgspläne), Budgets mit Zielcharakter (Ausgangspunkt ist die Strategie, die auf Benchmarks beruht), Verringerung der Planungstiefe (nur in Ausnahmefällen, wenn es sinnvoll ist) und Budgetflexibilisierung (weg vom Kalenderjahreshorizont hin zu einer rollierenden Planung).

Es können bei dieser Methode die gleichen Instrumente genutzt werden wie beim Better Budgeting.

Das vorrangige Ziel dieses Konzeptes ist die Steigerung der Planungsqualität und die Verringerung des Budgetierungsaufwands. Eine Umsetzung kann schrittweise erfolgen und die Chancen einer erfolgreichen Implementierung sind dadurch sehr hoch. Die Einführung von Globalzielen ist in einem stabilen Umfeld sehr gut möglich. Bei Einheiten mit starken Veränderungen sollte detaillierter geplant werden. Die Nutzung selbst adjustierender Ziele kann zu Problemen führen. Insbesondere bei permanenter Veränderung des Marktanteiles. Die Budgetverantwortlichen verlieren leicht den Überblick, welches Ziel aktuell gilt.

Die Unterschiede zum Better Budgeting sind nicht sehr groß und müssen im Detail gesucht werden.

Beyond Budgeting
Den Begriff »Beyond Budgeting« lässt sich übersetzen mit »jenseits der Budgetierung«. Dieser Ansatz stellt eine radikale Abkehr vom traditionellen Budgetierungsprozess dar. Er stellt stattdessen bestimmte Prinzipien für das Management und die Leistungsbemessung in den Vordergrund. Diese richten sich konsequent am Markt und dessen Erfordernissen aus. Auch hier treten relative Ziele anstelle von starren Budgetgrößen. Aber Beyond Budgeting geht noch darüber hinaus. Die Prinzipien dieses Ansatzes führen zu einer Dezentralisierung von Verantwortung und wollen damit Flexibilität, Kreativität und Leistungsbereitschaft in den Vordergrund stellen. Es handelt sich bei diesem Ansatz deshalb nicht nur um eine Änderung des Budgetprozesses, sondern auch um eine Änderung der Unternehmenskultur.

Nach Horvath et al. (1999) lässt sich die Charakteristik des Konzeptes Beyond Budgeting in zwölf Prinzipien zusammenfassen:
1. Gemeinsame Werte und Self-Governance
   In Verbindung mit klaren Führungsrichtlinien und Grenzen der Entscheidungsfreiheit sollen dezentrale Manager in die Lage versetzt werden, schnelle Entscheidungen zu treffen und auf Marktereignisse zu reagieren.

2. Empowerment dezentraler Manager
   Durch Bildung von Profit-Centern und die Übertragung von Ressourcen sollen die Verantwortlichen in die Lage versetzt werden, »ihre eigene kleine Firma« zu führen.

3. Die dezentralen Manager erhalten Verantwortung für ihre Ergebnisse im Vergleich zu den Wettbewerbern oder anderen Profit-Centern.

4. Das Konzept sieht eine netzwerkartige Organisation statt einer klassischen, multidivisionalen Organisation vor. (Sie bietet Flexibilität, Zuordnung von Ressourcen, liefert einen Beitrag zur Unternehmenskultur, die durch Verantwortung, Vertrauen und Loyalität gekennzeichnet ist.)

5. Eine marktähnliche Koordination
   Die Profit-Center müssen sich auf dem internen Markt gegenseitig als Kunden bzw. Dienstleister betrachten. Die Leistungen und Preise müssen also wettbewerbsfähig sein.

6. Coaching und Challenging
   Die Aufgabe des Managements ist es, den dezentral Verantwortlichen das nötige Werkzeug zu liefern, um die Vorteile des Konzeptes zu nutzen.

7. Zielvorgaben relativ zum Wettbewerb
   Durch dieses Prinzip passen sich die Vorgaben an und bleiben auch bei Marktveränderungen eine Herausforderung.

8. Strategieentwicklungsprozess
   Der Prozess sollte rollierend nach entsprechenden Zyklen durchgeführt werden, als Instrument kann hier die Balanced Scorecard herangezogen werden.

9. Rollierende Prognose
   Rollierende Prognosen sollen die dezentralen Manager in die Lage versetzen, ihre Strategien und Investitionen den neuen Bedingungen anzupassen. Damit soll auch das sogenannte »Dezemberfieber« vermieden werden.

10. Ressourcenallokation
    Die Ressourcenallokation sollte nicht wie bei der klassischen Budgetierung zentral erfolgen, sondern flexibel von den dezentralen Einheiten.

11. Selbstkontrolle
    Die Abweichungen werden zwar der zentralen Führung übermittelt, diese sollte aber nur bei Problemen unterstützend eingreifen.

12. Teambasierte Vergütung
    Anstelle der direkten Verbindung mit der Prognose erfolgt hier eine am relativen Erfolg einer Einheit oder des Unternehmens teambasierte Vergütung.

Auch bei diesem Konzept können die schon bei den anderen Methoden angewandten Instrumente genutzt werden.

Im Rahmen einer kritischen Betrachtung dieses Konzeptes ist es entscheidend, dass der Wille zur kulturellen Veränderung auf allen Ebenen vorhanden ist. Ohne die Berücksichtigung kultureller Faktoren ist es nicht möglich, die Verantwortung auf die dezentralen Einheiten zu verlagern. Kritisch zu betrachten ist darüber hinaus, dass relative Zielvorgaben in sich dynamisch entwickelten Märkten insbesondere bei hoher Komplexität an ihre Grenzen stoßen.

Insgesamt betrachtet ist dieses Konzept noch sehr abstrakt und wenig operationalisiert. Ein Verzicht auf die klassische Budgetierung sollte nur dann in Betracht gezogen werden, wenn funktionsadäquate Koordinationsinstrumente wie zum Beispiel Prozesskostenrechnung, Target Costing, Benchmarking oder die Balanced Scorecard zur Verfügung stehen.

Humankapital

Im Rahmen der Personalkostenplanung findet man insbesondere in größeren Unternehmen und in Konzernen Konzepte, die sich mit der Berechnung des Humanvermögens beschäftigen. Deshalb sollen auch hier die wesentlichen Begrifflichkeiten erläutert werden. Es geht um die betriebswirtschaftliche Bewertung des Humankapitals. Dieser Begriff wurde im Übrigen 2004 zum Unwort des Jahres gewählt. Die Begründung lautete, dass man die Mitarbeiter in den Betrieben degradiere, indem man sie zu einer ökonomischen Größe mache.

> Unter Humankapital versteht man den Wert, den die Mitarbeiter durch ihre Kenntnisse, Fähigkeiten und Fertigkeiten für ein Unternehmen verkörpern. Unter Humanvermögen eines Unternehmens versteht man demzufolge den Wert aller einer Unternehmung zur Verfügung stehenden personellen Ressourcen, mit denen ein Arbeitsvertrag geschlossen wurde.

Die Diskussionen um dieses Thema begannen ca. 1970, als das Schlagwort von der »Humanisierung der Arbeitswelt« Eingang in die Medien fand und die große Bedeutung der Rolle der Mitarbeiter erkannt wurde. Circa 1980 wurde verstärkt über die Wirtschaftlichkeit des Betriebsgeschehens diskutiert. Das Personalcontrolling wurde etabliert und es stellten sich Fragen nach der Effektivität und der Effizienz. Aber wie ist es heute?

Die folgenden Thesen von Rainer Marr (2007) können bei der Diskussion helfen:
- Die Wettbewerbsfähigkeit und der Wert eines Unternehmens lassen sich weder »von innen« noch »von außen« ausreichend beurteilen, wenn man den Wert des Personals nicht kennt.
- Der Wert des Personals übersteigt in den meisten Unternehmen den Wert des Kapitalinvestments erheblich und diese Tendenz nimmt zu.

- Der Wert des Personals wird repräsentiert durch den Nutzen, den die Mitarbeiter ihrem Unternehmen verschaffen.
- Die Handlungsfähigkeit lässt sich durch ein überzeugendes System der Messung des Humanpotenzials deutlich erweitern, weil es die Entscheidung potenzieller Investoren beeinflusst und künftig bei der Vergabe von Krediten sowohl die Höhe des Personalwertes als auch das Personalrisiko von entscheidender Bedeutung sein werden (Basel II).
- Die Gefahr des Scheiterns von Unternehmenszusammenschlüssen sinkt, wenn Synergien und Kosten hinsichtlich des Personalwertes berücksichtigt werden (Human-Resources-Due-Diligence).

Wenn es um die Bewertung oder Berechnung des Humankapitals geht, sollte man laut Rainer Marr (2007) immer folgende Fragen stellen:
- Was ist der Zweck der Bewertung?
- Was ist der Gegenstand der Bewertung?
- Welches Verfahren ist geeignet?
- Wer sind die Bewerter?

Welche Modelle zur Bewertung oder Berechnung des Humankapitals sind am Markt bekannt?

Marktwertorientierte Modelle
Sie deuten das Humankapital als Verhältnis von Marktwert und Buchwert des Unternehmens. Ein Beispiel dafür ist die Marktwert-Buchwert-Differenz, die noch immer zur Berechnung intangibler Werte eines Unternehmens herangezogen wird. Nachteilig ist, dass ein Globalwert berechnet wird, der nicht ausschließlich auf das Humankapital zurückgeführt werden kann.

Accounting-orientierte Modelle
Sie bewerten das Humankapital auf Basis des Personalaufwands eines Unternehmens, der teilweise ins Verhältnis zu Output-Faktoren gesetzt wird. Ein Beispiel hierfür ist der Entgelt-Barwert-Ansatz, der den Personalaufwand eines Unternehmens mit einem Faktor verrechnet, in den Gehaltssteigerungen, Langfrist-Zinssätze und die durchschnittliche Zeit der Betriebszugehörigkeit einfließen. Nachteilig ist, dass er sich stark an Input-Größen orientiert und nur wenig flexibel auf Unternehmensveränderungen reagieren kann.

Indikatoren-basierte Modelle
Diese weisen das Humankapital als einen Indexwert aus, der sich durch die Verrechnung quantitativer und qualitativer Indikatoren ergibt. Beispiele hierfür sind der Ansatz des Human Capital Clubs sowie der Wucknitz-Ansatz.

Kombinationsmodelle

Es gibt Ansätze, die Elemente der Grundmodelle kombinieren. Beispiele sind die Saarbrücker Formel und der Human Potential Index (HPI).

Value-Added-Modelle

Diese Modelle schließen aus der Differenz von monetärem Output- und Inputgrößen auf den Wert des Humankapitals. Ein Beispiel dafür ist das Workonomics-Modell der Boston Consulting Group, bei dem der Übergewinn pro Mitarbeiter berechnet wird, indem der Value-Added pro Mitarbeiter um die Personalkosten pro Mitarbeiter reduziert wird.

Ertragsorientierte Modelle

Diese Modelle berechnen Humankapital mit einer Return-on-Investment-Logik. Ein Beispiel ist der ROI on Human Capital Invest. Dabei wird der Ertrag um den Aufwand ohne Löhne und Gehälter reduziert und dieser Wert dann ins Verhältnis zu den Löhnen und Gehältern gesetzt.

Human Potential Index

Das ist ein Indikatorenmodell, das nach Aussage der Autoren Rückschlüsse auf den Unternehmenserfolg – bedingt durch gutes Personalmanagement – zulassen soll. Über eine unternehmenserfolgsbezogene Trennschärfenanalyse mithilfe eines Extremgruppenvergleichs wurden Indikatoren isoliert, die die besonders erfolgreichen von den weniger erfolgreichen Unternehmen unterscheiden. Das Ergebnis ist ein umfangreicher Fragebogen, der im Rahmen der Selbsteinschätzung von Personalmanagern zu einem gewichteten Indexwert führt, der für das Humanpotenzial des Unternehmens stehen soll. Die Diskussion über das Modell läuft seit Jahren und die Ergebnisse sind sehr umstritten.

Eine Umfrage hinsichtlich der Nutzung derartiger Modelle ist eindeutig (vgl. Jochmann/Girbig 2007): Nur 3,8% aller Unternehmen (17,2% der Großunternehmen) arbeiten mit solchen Modellen. 40,5% (37,9%) planen es für die Zukunft, 55,7% (44,8%) halten es nicht für sinnvoll.

Kennzahlen zur Bestimmung des Humankapitals

Abschließend lernen Sie die wichtigsten Kennzahlen zur Beurteilung des Werts der Human Resources, abgeleitet aus den Finanzinformationen, kennen:

Kennzahlen zur Beurteilung des Werts der Human Resources	
Umsatz des Humankapitals	Umsatz dividiert durch Zahl der FTEs
Kosten des Humankapitals	Kosten für Vergütung, Nebenleistungen, Abwesenheit, Fluktuation und Zeit- und Leiharbeiter

Kennzahlen zur Beurteilung des Werts der Human Resources	
Ertrag des Humankapitals	Umsatz minus (Gesamtkosten minus Gesamtarbeitskosten) dividiert durch Gesamtarbeitskosten
Wertschöpfung des Humankapitals	Umsatz minus (Gesamtkosten minus Gesamtarbeitskosten) dividiert durch Zahl der FTEs
Human Economic Value Added	operatives Ergebnis nach Steuern minus Kapitalkosten, dividiert durch Zahl der FTEs
Marktwert des Humankapitals	Marktwert des Unternehmens minus Buchwert des Unternehmens dividiert durch Zahl der FTEs

6.8 Kennzahlen für die Personalkostenplanung

Zum Abschluss des Kapitels zur Personalkostenplanung lernen Sie eine Auswahl der gebräuchlichen Personalkennzahlen kennen:

Kennzahlen für die Personalkostenplanung	
Personalkostenstruktur	Gehaltskosten zu Gesamtpersonalaufwand
	Lohnnebenkosten zu Gesamtpersonalaufwand
	Urlaubsgeld zu Gesamtpersonalaufwand
Gehaltsstruktur	Anteil Mitarbeiter mit Tarifgehalt zu Gesamtzahl der Beschäftigten
	Hier ist die Entwicklung im Laufe der Jahre der entscheidende Punkt.
	Anteil Mitarbeiter mit außertariflichem Gehalt zu Gesamtzahl der Beschäftigten
Anteil leistungsabhängiger Bezahlung	Summe leistungsabhängiger Vergütung × 100 dividiert durch Gesamtpersonalaufwand
	Hier ist die Entwicklung im Laufe der Jahre der entscheidende Punkt.
Anteil Mitarbeiter mit Erfolgsbeteiligung	Anzahl Mitarbeiter mit Erfolgsbeteiligung × 100 dividiert durch Gesamtbelegschaft
Durchschnittsverdienst pro Mitarbeiter	Personalaufwand pro Jahr dividiert durch durchschnittliche Zahl der Beschäftigten pro Jahr
	Veränderungen im Zeitablauf und Verhältnis zur Wertschöpfung des Unternehmens sind interessante Punkte.
Entwicklung der Personalkosten	Personalaufwand zu Personalaufwand des vergangenen Jahres

Kennzahlen für die Personalkostenplanung	
Anteil der Kosten der Leih- und Zeitarbeiter	Kosten der Leih- und Zeitarbeiter zu Gesamtpersonalaufwand
	Hier ist die Entwicklung der Zahlen entscheidend.
Anteil der Kosten für externe Berater	Kosten der externen Berater zu Gesamtpersonalaufwand
	Auch hier ist die Entwicklung entscheidend.
Umsatz pro Mitarbeiter	Umsatz zu Anzahl der Mitarbeiter
	Dieser Wert ist interessant im Vergleich zur Wertschöpfung.
Wertschöpfung pro Mitarbeiter	Wertschöpfung zu Anzahl der Mitarbeiter
Personalaufwandsquote	Personalaufwand × 100 dividiert durch Gesamtleistung (meist Umsatz)
Lohnquote oder Gehaltsquote	Lohn- oder Gehaltskosten zu Umsatz
Personalkostenquote	Personalaufwand zu Gesamtkosten
Mitarbeiterstruktur	Personalaufwand Mitarbeiter direkter Bereiche zu Personalaufwand Mitarbeiter indirekter Bereiche
	(z.B. Buchhaltung, Organisation, Personalabteilung usw.)
	Vergleich Personalaufwand pro Mitarbeiter in direkten Bereichen zu Personalaufwand pro Mitarbeiter in indirekten Bereichen

7 Strategische Ausrichtung der Personalplanung

7.1 Was ist eine strategische Personalplanung?

Eine Personalplanung, die den aktuellen Personalbestand einfach fortschreibt, also lediglich Ersatz für Abgänge beschafft, kann durchaus strategisch sinnvoll sein, wenn davon auszugehen ist, dass es in absehbarer Zeit keine Änderungen im Geschäft gibt.

Die meisten Unternehmen erwarten geschäftliche Veränderungen und planen diese ein. Ob diese Planung in einem strategischen Prozess abläuft oder nur im Kopf des Geschäftsführers, spielt dabei keine entscheidende Rolle. Wichtig ist nur, dass die strategische Personalplanung die Veränderungen aufgreift und damit die Voraussetzungen schafft, dass das entsprechende Personal vorhanden ist, um die künftigen Geschäftsziele zu erreichen. Sie trifft also die Entscheidungen darüber, wann welches Personal mit welcher Qualifikation in welchem Bereich künftig bereitstehen wird.

Der **Zeithorizont einer strategischen Personalplanung** liegt nach der Erfahrung von vielen Unternehmen zwischen zwei bis zu fünf Jahren. Vielfach wird die strategische Personalplanung als ein Führungsinstrument bezeichnet. Das ist insofern gerechtfertigt, da diese Planung nicht die genaue Zahl des Personalbestandes ermittelt oder kurzfristig für Personalersatz sorgt, sondern wie dargestellt basierend auf der strategischen Planung des Unternehmens dafür sorgt, dass die personalpolitischen Auswirkungen erfolgreich in die Wege geleitet werden. Dies beinhaltet auch, dass eine regelmäßige Synchronisation mit allen Strategie- und Unternehmensführungsprozessen erfolgen muss.

Daraus abgeleitet entstehen die Personalplanung, die Prognose zum Personalbedarf, die Sichtung des vorhandenen internen Personalangebots sowie eine HR-Strategie zur Umsetzung der Strategie des Unternehmens.

Eine **strategische Ausrichtung der Personalplanung** bedeutet ebenso eine strategische Ausrichtung der Personalabteilung. Sie muss sich zwingend an übergreifenden strategischen Diskussionen beteiligen und hierbei ihre fachliche Analyse einbringen. Damit agiert sie im Sinne eines Business Partners für alle Geschäftsbereiche des Unternehmens. Dieser strategische Wechsel führt zu mehr wertschöpfenden Aktivitäten und bedeutet gleichzeitig einen personellen und organisatorischen Neuanfang.

Eine erfolgreiche strategische Personalplanung kann also nur im dargestellten Prozess erfolgen und sichert damit auch in schwierigen wirtschaftlichen Zeiten aus personeller Sicht die Zukunft des Unternehmens.

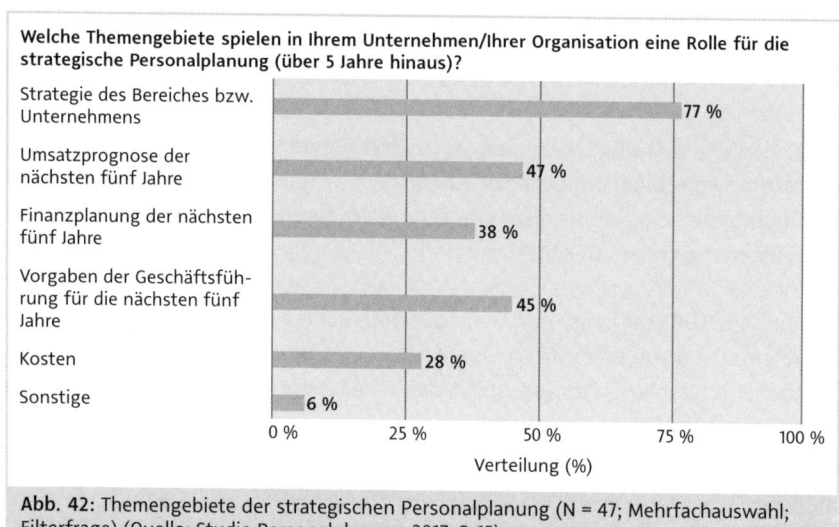

Abb. 42: Themengebiete der strategischen Personalplanung (N = 47; Mehrfachauswahl; Filterfrage) (Quelle: Studie Personalplanung 2017, S. 15)

7.2 Inhalt und Ziele der strategischen Personalplanung

Strategische Personalplanung ist in Zeiten großer wirtschaftlicher Veränderungen besonders wichtig. Aufgrund des demografischen Wandels und der Notwendigkeit der Fachkräftesicherung ist es für Unternehmen von existenzieller Bedeutung, sich mit diesen Themen auseinanderzusetzen und frühzeitig die Weichen zu stellen, um den Herausforderungen gerecht zu werden. Am Beispiel der Finanz- und Wirtschaftskrise wird deutlich, welche Bedeutung der strategischen Personalplanung zukommt. Wer in der Krisensituation auf eine perspektivische Planung verzichtet hat und langfristige Trends, wie den demografischen Wandel, die technologische Entwicklung, den Fachkräftemangel und die zunehmende Veränderungsgeschwindigkeit vernachlässigt, verbaut sich die Möglichkeiten der Zukunft und kann bei einer wirtschaftlichen Erholung nicht angemessen reagieren. Insbesondere im Bereich der Nachwuchsentwicklung muss ein Unternehmen mittel- bis langfristig planen. In der jetzigen Situation, in der die Bevölkerung immer älter wird und die Geburtenrate sinkt, muss die Altersstruktur eines Unternehmens transparent sein, und es müssen Maßnahmen getroffen werden, um den Verlust von Wissen aufzufangen. In der Praxis heißt das: Nachwuchs ausbilden, erkannte Talente zu Führungskräften entwickeln und einen Wissenstransfer installieren, der das Ausscheiden von Fachkräften zu einer normalen Fluktuation werden lässt. Darüber hinaus sollte ein positives Arbeitsklima vorherrschen, eine Durchlässigkeit von Entwicklungswegen und eine angemessene Bezahlung gewährleistet sein, um einer Fluktuation von Nachwuchskräften entgegensteuern zu können.

In den letzten Jahren haben immer mehr Unternehmen erkannt, dass die Installierung einer strategischen Personalplanung unabdingbar ist. Aber es gibt noch zu viele Betriebe, die dies noch nicht verstanden haben. Je anspruchsvoller die wirtschaftlichen Bedingungen und Herausforderungen sind, umso wichtiger wird es, eine strategische Vorstellung von der Entwicklung des Unternehmens zu haben und sie auch umzusetzen: Wie kann mein Unternehmen die vorhandenen Talente halten und weiter qualifizieren und wie lassen sich zusätzliche talentierte Kräfte am Markt und in den Hochschulen für das eigene Unternehmen gewinnen? Aber nicht nur die Nachwuchskräfte profitieren von der strategischen Weitsicht des Unternehmens, auch der »normale« Mitarbeiter hat den Vorteil, in einem Unternehmen zu arbeiten, in dem die Entwicklungs- und die Qualifizierungsmöglichkeiten transparent und für alle nutzbar sind.

Vor der Einführung eines Prozesses der strategischen Personalplanung steht die Überlegung, was im Fokus dieses Prozesses steht. Das Hauptziel besteht darin, dafür Sorge zu tragen, dass die richtigen Mitarbeiter, zur richtigen Zeit, am richtigen Ort in der erforderlichen Anzahl zur Verfügung stehen.

Aber darüber hinaus müssen Sie sich die folgenden Fragen stellen (vgl. Das Demographie Netzwerk 2011):

- Sichert das Mitarbeiterportfolio die Umsetzung der Strategie? In welchem Zeitraum können Wachstumsinitiativen bzw. Restrukturierungen im Hinblick auf das Personal realisiert werden?
- Welche Alters- und Kapazitätsrisiken gibt es in den wesentlichen Jobfamilien über die nächsten fünf bis zehn Jahre wirklich?
- Wie muss die Rekrutierungspolitik vor dem Hintergrund des erwarteten Bedarfs aussehen? Wie sensitiv reagiert die Kapazitätslücke auf veränderte Rahmenbedingungen (z.B. rückläufige Zusagequoten von Bewerbern, erhöhte unfreiwillige Fluktuation)?
- Ist die Anzahl der Führungsnachwuchskräfte ausreichend, um den künftig Führungskräftebedarf zu decken? Reicht die interne Rekrutierung für den Bedarf? Was sind die Entwicklungspfade?

Hier wird deutlich, dass es die Hauptaufgabe der strategischen Planung ist, die Geschäftsstrategie von der personellen Seite abzusichern und, darauf abgestimmt, entsprechende Personalprogramme in die Wege zu leiten.

Bevor die oben aufgeworfenen Fragen noch weiter vertieft werden, sollen im Folgenden die Hauptaufgabe und die Argumente für eine strategische Personalplanung weiter verdeutlicht werden.

Die strategische Personalplanung ist **das** Führungsinstrument, mit dem die Unternehmensstrategie mit dem Personalmanagement eng verbunden wird.

Laut der Studie »Demografiemanagement 2011« der PricewaterhouseCoopers AG (2011) sind die Treiber:
- demografische Veränderungen
- Arbeitsmarkt
- Änderung der Unternehmensstrategie
- neue Qualifizierungen/Fähigkeiten
- technologischer Fortschritt
- Standortwechsel/geografische Expansion
- Business-Diversifizierung
- Fusionen und Übernahmen
- Änderung der Unternehmensführung
- Diversifizierung der Arbeitnehmerschaft
- Sonstiges

Diese Treiber wurden von den befragten Unternehmen in der PwC-Studie in dieser Reihenfolge genannt (Mehrfachnennungen waren möglich).

Es ist wichtig, den **Zeithorizont einer strategischen Personalplanung** nicht zu kurz festzulegen, sondern einen Zeitrahmen von fünf bis sieben Jahren in Betracht zu ziehen. Durch eine vorausschauende Planung in diesem Zeitrahmen ist es möglich, …
- künftige Schlüsselstellungen und Schlüsselkompetenzen zu identifizieren,
- durch Qualifizierungen des vorhandenen Personals (z.B. qualifizierte Facharbeiter zu Ingenieuren oder zu IT-Spezialisten) Überhänge abzubauen und Unterdeckungen auszugleichen,
- die Ausbildungsstruktur an die zukünftigen Erfordernisse anzupassen.

Trotz aller dieser Argumente ist das Thema strategische Personalplanung in Deutschland zu wenig verbreitet.

In dem Buch »Strategische Personalplanung – Die Zukunft heute gestalten« (Das Demographie Netzwerk 2011) werden die Eigenschaften der strategischen Personalplanung verdeutlicht:
- Planung in Jobfamilien
  Die Planung erfolgt nicht über einzelne Mitarbeiter, sondern auf Basis von Mitarbeitergruppen oder Jobfamilien. Unter einer Jobfamilie versteht man

das Zusammenfassen von gleichartigen Funktionen. Durch die Aggregation kann man die Mitarbeiterkapazitäten über einen längeren Zeitraum betrachten.

- Abbildung von Migrationspfaden
  Hier geht es um die Abbildung von Bewegungen zwischen den Jobfamilien. Ohne die Berücksichtigung dieser Entwicklungspfade können die ausgewiesenen Abweichungen zwischen Bedarf und Bestand irreführend sein. Gleichzeitig sind diese Pfade ein wichtiges Gestaltungsinstrument für das Personalmanagement.

- Verbindung von quantitativen und qualitativen Aussagen
  Durch die Betrachtung der Jobfamilien wird eine qualitative Dimension in die strategische Personalplanung hineingebracht. Aussagen zu Mitarbeiterkapazitäten beschränken sich nicht auf die bloße Quantität, sondern zeigen differenziert den Bedarf von einzelnen Tätigkeitsgruppen auf. Durch die hinter den Jobfamilien liegenden Profile kann es zu einer Verbindung mit dem Kompetenzmanagement kommen.

- Mitarbeiterkapazität bildet die Basiseinheit
  Für die Analyse bildet die verfügbare Kapazität den Mittelpunkt, nicht die Anzahl der Mitarbeiterköpfe.

- Betrachtung über einen Zeitraum
  Der Begriff »Planung« impliziert die Entwicklung über einen Zeitraum hinweg. Strategische Personalplanung definiert sich aber nicht nur über einen längeren Zeitraum, sondern auch über die strategische Unternehmensplanung. Das bedeutet, dass eine Planung über eine längere Zeit nicht automatisch eine strategische Planung ist. Dies ist ein großes Missverständnis. In der strategischen Unternehmensplanung geht es um die Lebensdauer von Technologien oder von Produkten. Aus Personalsicht geht es darum, die aufgezeigten Qualifizierungszeiten mit zu berücksichtigen. Das heißt, in dem gewählten (Planungs-)Zeitraum muss es möglich sein, die Qualifizierungs- und Zuführungsmaßnahmen durchzuführen.

- Berücksichtigung von Wirkungsverzögerungen
  Im Gegensatz zur Geschäftsdynamik ist die Geschwindigkeit im Qualifizierungsbereich eher träge. Wissen und Erfahrung sind keine leichte Datenübertragung. Längere, auch mehrjährige Qualifizierungen müssen also Berücksichtigung finden. Durch die strategische Personalplanung wird dieser Umstand auch den Geschäftsbereichen bekannt. Kostenintensive externe Rekrutierungen oder Engpässe sind da keine Alternative.

- Abbildung von Angebot (Mitarbeiterbestand) und Nachfrage (Mitarbeiterbedarf)
  Durch die Ausrichtung an der Unternehmensstrategie muss die strategische Personalplanung die Umsetzung sicherstellen bzw. unterstützen. Vor diesem Hintergrund ist es sehr wichtig, sowohl die Entwicklung des Mitar-

beiterbestandes als auch die Nachfrage abzubilden. Nur dadurch kann sichergestellt werden, dass die Eigendynamik des Personalbestandes richtig aufgezeigt wird. Auch der künftige Bedarf nach möglichen Änderungen bei den Jobfamilien muss dargestellt werden.

- Denken in Szenarien
  Komplexe Systeme lassen sich nicht exakt vorhersagen. Deshalb muss es das Ziel der strategischen Personalplanung sein, mögliche Zeitpfade über Szenarien zu entdecken und die Wirkung heutiger Maßnahmen in der Zukunft aufzuzeigen.
- Strategische Personalplanung als dauerhafter Prozess
  Die strategische Personalplanung ist eine wiederkehrende Planung und kein einmaliges Projekt. Es gilt, die Lebensfähigkeit des Unternehmens auf Dauer zu sichern. Zentrale Prämissen sollten daher jährlich auf ihre Gültigkeit hin überprüft werden und gegebenenfalls angepasst werden.

Bestandsanalyse	Operative Personalplanung	Strategische Personalplanung
Ist Analyse des Personalbestandes	**Optimierung des Personaleinsatzes gegenüber Planstellen**	**Pflege und Aufbau des Personalbestands zur Sicherung und Umsetzung der Unternehmensstrategie**
• Sammlung von Personaldaten • Analyse aktueller und historischer Daten • Vergleich der Ergebnisse über verschiedene Geschäftseinheiten (Produktivität) • Gruppierung der Mitarbeiter nach Funktion, Jobrolle, Geschlecht, Alter, Entgelt	• Definition des Deltas • Entwicklung von Maßnahmen zur Schließung des Deltas Beispiel: operative Einsatzpläne, Schichtpläne	• Ausrichtung der Gesamtstrategie der Organisation • Berücksichtigung Arbeitsangebot um Umfeld • Abbildung von langfristigem Bedarf und Bestand über Szenarien • Risikoanalysen und Entscheidungshilfen für das Management • Geschäftsfeldübergreifend
Zeitbezug t = 0	Zeitbezug t < 1 Jahr, personenscharf	Zeitbezug t > 1 Jahr, Fokus Funktionsgruppen

Abb. 43: Arten der Abgrenzung (Quelle: Das Demographie Netzwerk 2011)

In einer Untersuchung zum Thema Kostentreiber für die Personalressourcen[5] wurden beim Personal neben zu vielen gesetzlichen Vorschriften, hoher Fluktuation und Fehlzeiten, hoher Jobrotation, fehlendem Wissenstransfer, Fehlsteuerung durch falsche Systeme, zu großer oder fehlender Spezialisierung,

---

5   Zeitschrift *Personalwirtschaft* 07/2016, S. 58.

mangelnder Qualifikation eben auch die fehlende strategische Personalplanung genannt.

In der bereits zitierten Studie der PricewaterhouseCoopers AG (2011) und der Universität St. Gallen wurden von den Befragten folgende Punkte in dieser Rangfolge genannt, die bei der Einführung der strategischen Personalplanung festgestellt wurden:

- mangelnde Datenqualität
- keine definierte Methodik und kein Business-Prozess
- unzureichende Expertise
- mangelnde Unterstützung durch das Management
- unklare Zuweisung von Verantwortlichkeiten
- Fehlen eines klaren Business-Case
- Mangel an Tools und Technologie
- unklarer Nutzen
- fehlende Mittel
- keine kurzfristigen Ergebnisse
- keine Daten verfügbar
- fehlende Business-Strategie
- Relevanz von Szenarien
- mangelnde Unterstützung von den Business-Units
- Sonstiges

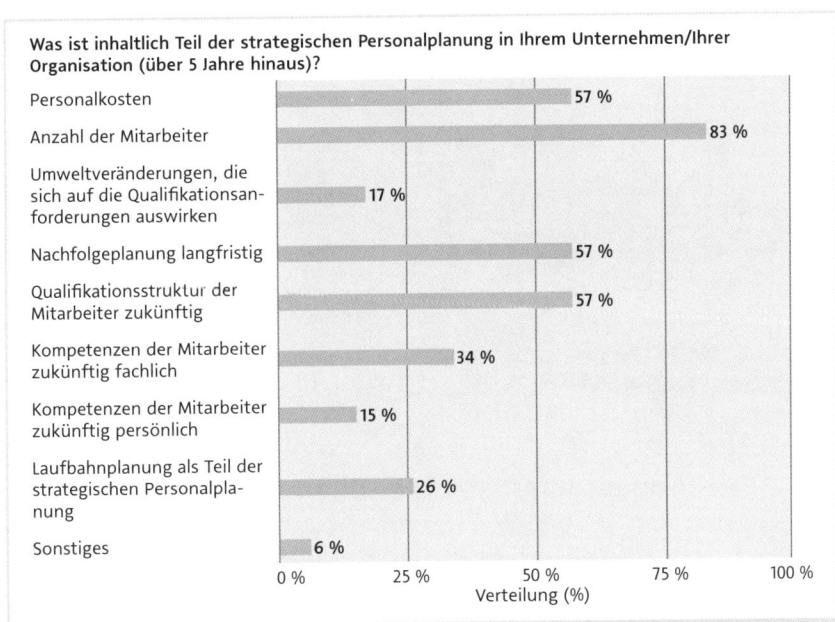

Abb. 44: Inhalte der strategischen Personalplanung (N = 47; Mehrfachauswahl; Filterfrage) (Quelle: Studie Personalplanung 2017, S. 16)

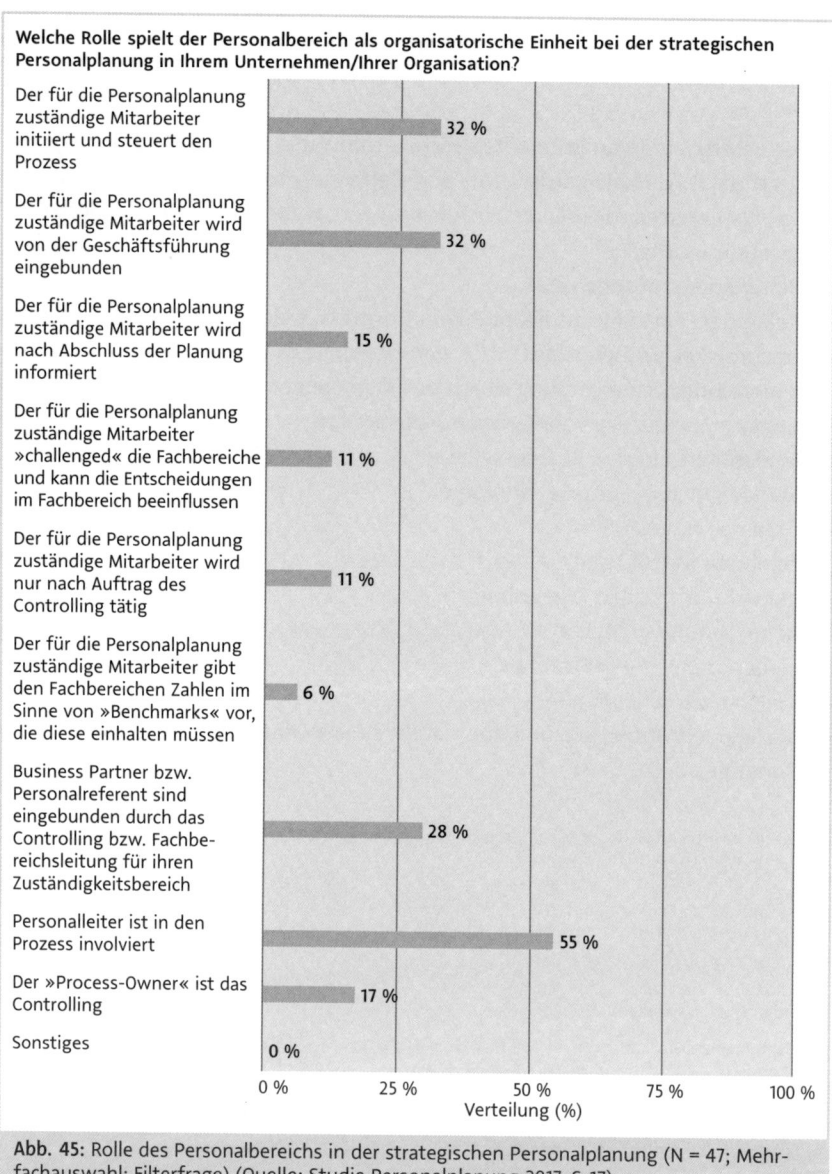

Welche Rolle spielt der Personalbereich als organisatorische Einheit bei der strategischen Personalplanung in Ihrem Unternehmen/Ihrer Organisation?

Der für die Personalplanung zuständige Mitarbeiter initiiert und steuert den Prozess — 32 %

Der für die Personalplanung zuständige Mitarbeiter wird von der Geschäftsführung eingebunden — 32 %

Der für die Personalplanung zuständige Mitarbeiter wird nach Abschluss der Planung informiert — 15 %

Der für die Personalplanung zuständige Mitarbeiter »challenged« die Fachbereiche und kann die Entscheidungen im Fachbereich beeinflussen — 11 %

Der für die Personalplanung zuständige Mitarbeiter wird nur nach Auftrag des Controlling tätig — 11 %

Der für die Personalplanung zuständige Mitarbeiter gibt den Fachbereichen Zahlen im Sinne von »Benchmarks« vor, die diese einhalten müssen — 6 %

Business Partner bzw. Personalreferent sind eingebunden durch das Controlling bzw. Fachbereichsleitung für ihren Zuständigkeitsbereich — 28 %

Personalleiter ist in den Prozess involviert — 55 %

Der »Process-Owner« ist das Controlling — 17 %

Sonstiges — 0 %

0 % 25 % 50 % 75 % 100 %
Verteilung (%)

Abb. 45: Rolle des Personalbereichs in der strategischen Personalplanung (N = 47; Mehrfachauswahl; Filterfrage) (Quelle: Studie Personalplanung 2017, S. 17)

7.3 Der Prozess einer strategischen Personalplanung

Die entscheidende Voraussetzung für den Aufbau einer strategischen Personalplanung ist, dass sich die Verantwortlichen in der Geschäftsleitung für ihre Einführung entschieden haben. Wichtig ist die Vereinbarung eines strukturierten Vorgehens. Hierdurch und durch die erforderliche Transparenz im Vorgehen soll sichergestellt werden, dass alle erforderlichen Personengruppen die vereinbarten Schritte akzeptieren. Damit ist nicht nur die Geschäftsleitung gemeint, sondern auch die Geschäftsbereiche, die Beschäftigten und auch die Arbeitnehmervertretungen. Die Steuerung des Prozesses sollte bei einem Mitarbeiter des Personalbereiches liegen. Der Betriebsrat, der hierbei nur über ein Beratungs- und Vorschlagsrecht verfügt, sollte in den Prozess mit einbezogen werden. Eine konstruktive Zusammenarbeit ist für beide Seiten nur von Vorteil.

Zudem ist zu prüfen, ob dieser Prozess durch einen externen Berater unterstützt werden soll. In vielen Unternehmen wird durch die Einschaltung von externen Beratungsgesellschaften die Akzeptanz des Prozesses und der Ergebnisse erfahrungsgemäß erhöht. Neben dem Prozesssteuerer aus dem Personalbereich sollten in einem zu bildenden Planungsteam Führungskräfte aller Geschäftsbereiche vertreten sein.

Darüber hinaus ist es wichtig, dass zu Beginn des Prozesses das notwendige Informationsmaterial zusammengestellt wird. Dazu gehören:
- allgemeine Unterlagen zur Unternehmens- und Personalstrategie (Leitbild, Grundsätze, Ziele)
- Personalstammdaten der Beschäftigten
- ein Unternehmensorganigramm mit allen Stellen/Positionen inkl. Bezeichnung bzw. Berufsbild

Unabhängig davon, ob der Prozess alleine oder mit einem externen Berater durchgeführt wird, sollten Sie zu Beginn die Personalsituation analysieren. Dabei ist zum Beispiel auf die folgenden Punkte zu achten:
- alternde Belegschaft
- technologische Veränderungen
- strategische Veränderungen
- Arbeitsverdichtung
- Auftragsschwankungen
- örtliche Situation des Arbeitsmarktes
- regionaler Fachkräftemangel
- Situation an den Hochschulen in der Nachbarschaft

Diese und andere Faktoren müssen entsprechend der eigenen Unternehmenssituation in der strategischen Personalplanung berücksichtigt werden.

In welchen Schritten der Prozess der strategischen Personalplanung ablaufen kann, zeigt das folgende Beispiel.
1. Jobfamilien bilden
2. aktuellen Personalbestand ermitteln

3. strategischen Personalbedarf festlegen
4. zukünftige Personalabweichung analysieren
5. Handlungsfelder ableiten.

Der Prozess der strategischen Personalplanung startet mit der **Bildung von Jobfamilien**. Unabhängig von Strukturen und Bereichen werden Berufsbilder (Jobs) mit gleichen oder ähnlichen Anforderungsprofilen zu sogenannten Jobfamilien zusammengefasst. Detaillierte Informationen zu den Jobfamilien werden in Kapitel 7.4.1 erläutert.

Abgeleitet von der Analyse der aktuellen Personalsituation (s. o.) sollten die gebildeten Jobfamilien in einem zweiten Schritt priorisiert werden. Dazu gehört auch die Ermittlung des aktuellen Personalbestandes. Bevor die Festlegung des zukünftigen Personalbedarfs beginnt, sollte dies erledigt sein. Für die Ermittlung ist es entscheidend, dass die Personalstammdaten alle relevanten Planungsinformationen enthalten. Wie bereits erwähnt, erfolgt die Ermittlung nicht in Köpfen, sondern in Mitarbeiterkapazitäten (VZK, FTE usw.).

Im nächsten Schritt muss der **strategische Personalbedarf** festgelegt werden. Ausgangspunkt ist der aktuelle Personalbestand unter Berücksichtigung der zukünftigen, zum gegenwärtigen Zeitpunkt bereits feststehenden Zu- und Abgänge. Der strategische Personalbedarf richtet sich auf die Kapazitäten, die für die künftige Leistungserstellung benötigt werden. Das geschieht unter Berücksichtigung der sogenannten strategischen Treiber, die sich aus den strategischen Zielen des jeweiligen Unternehmens ableiten. Das können zum Beispiel unterschiedliche Themen wie neue technologische Entwicklungen, die Eroberung neuer Märkte oder eine Veränderung der Produktpalette sein. Das wiederum hat naturgemäß auch eine Auswirkung auf die bereits erwähnte Priorisierung der Jobfamilien.

Im nächsten Schritt muss eine **Gegenüberstellung des künftigen Personalbedarfs und des aktuellen Personalbestandes** erfolgen. Dies geschieht unter Hinzuziehung der gebildeten Jobfamilien. Aus der Abweichung wird ersichtlich, welche Maßnahmen in die Wege geleitet werden müssen. Es muss eine Überprüfung erfolgen, in welchen Jobfamilien durch Fluktuation, Renteneintrittsalter oder aus anderen Gründen eine Unterdeckung entsteht und in welchen Jobfamilien durch weniger Bedarf Abbaumaßnahmen erforderlich sind. Unabhängig von den genannten Austrittsgründen kann auch dadurch Bedarf entstehen, dass die vorhandenen Qualifizierungen den neuen Anforderungen nicht gewachsen sind. Dann sollte das Unternehmen Überlegungen anstellen, inwieweit diese Mitarbeiter (Kapazitäten) an anderer Stelle eingesetzt werden können, gegebenenfalls auch unter Zuhilfenahme weiterer Qualifizierungsangebote. Die Bildung von Jobfamilien erleichtert eine derartige Vorgehensweise.

Im letzten Schritt geht es darum, aus den gewonnenen Erkenntnissen die richtigen Schlüsse zu ziehen und festzulegen, welche kurz-, mittel- und langfristigen Personalmaßnahmen strategisch notwendig sind. Dazu gehören

- die in den Jobfamilien (eventuellen neuen) erforderlichen Qualifizierungsmaßnahmen,
- Überlegungen, welche Medien am besten geeignet sind, neue Mitarbeiter zu rekrutieren, und
- die Analyse, welcher Arbeitsmarkt für bestimmte Berufsbilder besonders relevant ist.

Weiterhin gehört ein Versetzungsplan dazu und bei Ausschluss anderer Möglichkeiten auch die Regelungen des Personalabbaus. Alles zusammen sollte in einem Personalplan zusammengefasst werden, um allen Beteiligten einen Überblick zu ermöglichen.

7.4 Instrumente und Methoden

In diesem Abschnitt werden einige ausgewählte Instrumente und Methoden der strategischen Personalplanung vorgestellt, um die Bedeutung und die Möglichkeiten der strategischen Personalplanung weiter zu vertiefen.

7.4.1 Jobfamilien

»Jobfamilien sind das Ergebnis der Zusammenfassung von Funktionen, die aufgrund vergleichbarer Anforderungen an Rollenwahrnehmung, Zielsetzung, Wissen und Fähigkeiten, Leistungsindikatoren und Verhaltensweisen über einen ähnlichen Charakter verfügen« (Hay Group 2000). Diese Zusammenfassung geht über die Bereichsgrenzen hinaus und ist auch nicht an eine Hierarchie gebunden. Wichtig ist nur, dass aufgrund der Stellenbeschreibungen oder der Anforderungsprofile eine weitgehende Übereinstimmung vorhanden ist. Die Bildung von Jobfamilien ist allein deshalb sinnvoll, weil diese Bündelung insbesondere in der strategischen Personalplanung eine bessere Übersicht gewährleistet. Würde man in diesem Zusammenhang auf die einzelne Stelle zurückgreifen müssen, wäre die Planung zu unübersichtlich, um strategische und strukturelle Entwicklungen zu erkennen. Durch die Bündelung der Stellen kann man auf der einen Seite schnell feststellen, wie viele Kapazitäten pro Jobfamilie zur Verfügung stehen, und andererseits entsteht eine große Transparenz hinsichtlich der vorhandenen Kompetenzen und Qualifikationen.

Um dem Zweck der strategischen Planung dienlich zu sein, lassen sich konkrete **Anforderungen an die Bildung von Jobfamilien** bzw. einer Konzeption von Jobfamilien definieren (vgl. Das Demographie Netzwerk 2011, S. 20):

- Der zukünftige Personalbedarf sollte immer aus der geplanten Entwicklung des Geschäftes abgeleitet werden. Deshalb sollten Jobfamilien von der Anforderungsseite, also von der Stelle her definiert werden, nicht von der individuellen Qualifikation eines einzelnen Mitarbeiters, also des Stelleninhabers.
- Voraussetzung für die Bildung von Jobfamilien sind vorliegende Jobbeschreibungen, die nach einheitlichen Kriterien definiert werden sollten.
- Um qualitative Über- bzw. Unterdeckungen identifizieren zu können, müssen sowohl die Bedarfe als auch die Bestände durch das Jobfamilien-Konzept abgebildet werden können. Abstrakte Anforderungen auf der Bedarfsseite nutzen nichts, wenn diese nicht mit entsprechenden Merkmalen (z. B. Qualifikationen) auf der Bestandsseite in Verbindung gebracht werden können.
- Zur Ermittlung und Bewertung von qualitativen Über- bzw. Unterdeckungen sind interne Nachbesetzungen und mögliche Karrierepfade wesentliche Einflussfaktoren. Diese sollten im Jobfamilien-Konzept abgebildet werden können. Da in der Praxis eine Beförderung oder Nachbesetzung meist durch eine zuvor entstehende Vakanz ausgelöst wird, ist darauf zu achten, Jobfamilien so zu konzipieren, dass Karrieren durch »Nachziehen« von qualitativ anderen Stellen abgebildet werden können (Pull-Prinzip), und nicht durch die Vorgabe typischer Karriere- und Promotionspfade.

Um Jobfamilien in einem Unternehmen zu bilden, gibt es einige Schritte, die berücksichtigt werden müssen. Hier ein Vorschlag:

- Überprüfung der Funktionen im Unternehmen. Dazu Nutzung der vorhandenen Instrumente, wie z. B. Organigramme, Stellenbewertung, Nachfolgeplanung oder Personalentwicklung
- Erarbeitung eines neuen Konzepts
- Herausfiltern der Qualifikationen, die aufgrund der Unternehmensstrategie zukünftig benötigt werden
- Erstellung einer Datei mit den unterschiedlichen Qualifikationen
- Überprüfung der Tätigkeiten hinsichtlich der Zuordnung zu den jeweiligen Qualifikationen
- Zuordnung der Tätigkeiten zu den Qualifikationen
- Überprüfung, ob alle Stellen in der neuen Matrix abgebildet sind
- Bildung von Jobfamilien

- Prüfung, ob pro benötigte Qualifikation eine Jobfamilie ausreicht oder ggf. mehrere zu bilden sind
- Festlegung der Jobfamilien
- Zuordnung der neu gebildeten Jobfamilien in den zentralen HR-Systemen des Unternehmens
- permanente Qualitätsprüfung hinsichtlich Qualität, Aktualität und Konsistenz

Ein anderer Vorschlag sieht folgende Schritte bei der Bildung von Jobfamilien vor:
- Bildung der Jobfamilien (wie oben beschrieben)
- Priorisieren der Jobfamilien
  Nachdem die Jobfamilien gebildet wurden, beginnt die eigentliche strategische Planung. Welche Jobfamilien sind hinsichtlich der Wettbewerbssituation des Unternehmens besonders wichtig? Diese herausgehobenen Jobfamilien können je nach Branche, Standort und aktueller Situation am Markt differieren. Sie werden vielfach als Schlüsselpositionen bezeichnet. Diese Jobfamilien sind für das Unternehmen unverzichtbar und müssen deshalb bei der Nachfolgeplanung Vorrang haben.
- Identifizierung von strategischen Treibern
  Die strategischen Treiber sind eng mit den strategischen Zielen des Unternehmens verbunden und müssen bei der Bildung von Jobfamilien berücksichtigt werden. Beispiele sind der Umsatz (Wachstum, Konsolidierung oder Schrumpfung) oder folgende Fragestellungen:
  – Auf welchen Märkten will man tätig sein?
  – Gibt es Veränderungen in der Produktpalette?
  – Müssen technologische Veränderungen berücksichtigt werden oder lautet das Ziel, die Kosten zu reduzieren?
  strategische Relevanz der priorisierten Jobfamilien analysieren Wie wirken sich die strategischen Treiber auf diese Jobfamilien aus?
- Erstellung von Risikoprofilen der priorisierten Jobfamilien
  Ausgehend von den bekannten personalwirtschaftlichen Risiken (siehe Kapitel 7.4.6) wie Alters-, Kapazitäts-, Kompetenz- und Beschaffungsrisiko müssen die jeweiligen Gruppen bewertet werden. Das Ergebnis wird in einer Matrix dargestellt, um die erforderlichen Maßnahmen in die Wege zu leiten.
- strategisch relevante Maßnahmen planen
  Aufgrund der gebildeten Matrix ist es möglich, personalwirtschaftliche Maßnahmen kurz-, mittel- und langfristig in die Wege zu leiten. Dies kann in einem weiteren Schritt mit den Verantwortlichen nachgearbeitet werden.

Der gesamte Prozess sollte gemeinsam mit den Verantwortlichen der einzelnen Geschäftsfelder vorgenommen werden. Dies erleichtert die Durchführung und vermeidet im Nachhinein Konflikte, die aufgrund von Kompetenzrangeleien entstehen könnten.

Zum Abschluss erhalten Sie vier Hinweise, welche Fehler Sie bei der Bildung von Jobfamilien vermeiden sollte:

- zu starke Orientierung an vorhandenen Strukturen (übergreifende Gruppen)
- zu tiefe Detaillierung (Stellen Sie nur die Frage, wer die Stelle besetzen kann.)
- ungenügende Definitionen (kann zu unterschiedlichen Interpretationen führen)
- Nachbesetzungen nicht restriktiv behandeln (Austausch über Bereichs- und Hierarchiegrenzen).

7.4.2 Testverfahren

In der Personalarbeit werden zunehmend leistungsfähige und effiziente Verfahren zur Einschätzung neuer oder bereits vorhandener Mitarbeiter benötigt. Auf diese Weise soll erreicht werden, dass die Personalauswahl, die Personalbesetzung und die Personalentwicklung optimal für das Unternehmen genutzt werden.

Es gibt diverse Möglichkeiten, dies zu erreichen:

- Bewerbungsunterlagen
- Bewerbungs- oder Vorstellungsgespräch
- Gruppendiskussion
- Assessment-Center
- Schriftgutachten
- Testverfahren

Personalauswahlverfahren	$r_{x,y}$
Analyse der Bewerbungsunterlagen	
– Insgesamt	0,14 bis 0,26
– Zeugnisnoten zur Prognose des Ausbildungserfolgs	0,41 bis 0,46
– Zeugnisnoten zur Prognose des Berufserfolgs	0,11 bis 0,20
Interview	
– Unstrukturiert	0,05 bis 0,25
– Strukturiert	0,21 bis 0,45
Biographischer Fragebogen	0,23 bis 0,52
Psychologischer Eignungstest	
– Kognitiver Fähigkeitstest	0,27 bis 0,61
– Intelligenztest	ca. 0,5
– Persönlichkeitstest	0,15 bis 0,27
Praktische Fertigkeiten	
– Arbeitsprobe	0,25 bis 0,38
– Probezeit	0,40 bis 0,50
Assessment Center	0,25 bis 0,74

Abb. 46: Planung der Auswahlverfahren (Quellen: Hunter/Hunter 1984, S. 89 ff.; Funke et al. 1987, S. 410; Schuler/Funke 1989, S. 291 ff.; Barthel/Schuler 1989, S. 73 ff.; Lössl 1992, Sp. 756 ff.; Funke/Schuler/Moser 1995, S. 146 und Stamm/Schwab 1995, S. 15)

Die Abbildung zeigt, welche Personalauswahlverfahren den größten Nutzen bei ihrer Anwendung erzielen.

Das Testverfahren schneidet in Bezug auf die Ergebnisse im Vergleich positiv ab. Das Ziel der Testverfahren ist die Erfassung individueller Reaktionen unter standardisierten Bedingungen hinsichtlich Inhalt und Form der Instrumente, der Datenauswertung und der Dateninterpretation. Das Ergebnis ist eine Prognose zur Persönlichkeit, der Intelligenz und den Fähigkeiten der Person. In der Vergangenheit wurden die Tests in erster Linie dafür eingesetzt, fachliche Kompetenz zu überprüfen, heute geht es überwiegend um die Ermittlung sozialer Kompetenz und der Persönlichkeitsstärke. Dadurch soll erreicht werden, dass Fehlzeiten und Fluktuation infolge von Über- oder Unterforderung oder aufgrund von Anpassungsschwierigkeiten vermieden werden.

Im Laufe der letzten Jahrzehnte haben sich wesentliche konzeptionelle und methodische Veränderungen durchgesetzt. Auch aus diesen Gründen werden Testverfahren heutzutage für wichtige Entscheidungen eines Unternehmens eingesetzt, wie zum Beispiel die Mitarbeiterauswahl oder die Weiterentwicklung.

Ablauf des Leistungstests

Zunächst muss aus dem allgemeinen Angebot der Testverfahren dasjenige ausgewählt werden, das den Anforderungen des Unternehmens am besten entspricht. Dazu benötigt man eine eindeutige Stellenbeschreibung, ein klares Anforderungsprofil und eine präzise definierte Aufgabenstellung. In Leistungstests werden heute nicht nur fachliche Qualifikationen begutachtet, sondern es wird versucht, die gesamte Persönlichkeit zu erfassen. Man versucht herauszufinden, welche sozialen Fähigkeiten oder welche Führungsfähigkeiten eine Person besitzt. Dabei werden folgende Testverfahren unterschieden:

- Leistungs- und Fähigkeitstests
- Intelligenztests
- Persönlichkeits- und Charaktertests

Alle Testverfahren sollten ...
- **Objektivität** (verschiedene Tester kommen zum gleichen Ergebnis),
- **Reliabilität** (die Zuverlässigkeit des Ergebnisses muss gegeben sein) und
- **Validität** (die Gültigkeit muss größtmöglich beurteilt werden können)

aufweisen. Man muss bei dieser Methode sowohl die Vorteile erkennen als auch die Nachteile berücksichtigen.

Vorteilhaft ist, dass man die starken und die schwachen Seiten der Testpersonen herausfindet. Durch die Fragen und Aufgabenstellungen der Tests wird dem Unternehmen die Sicherheit vermittelt, dass man die richtige Person gefunden hat. Die Testpersonen können objektiv verglichen werden. Die Verfahren sind verhältnismäßig einfach, schnell und unbürokratisch.

Ein Nachteil ist, dass die Tests nur eine Momentaufnahme darstellen und deshalb kritisch hinsichtlich einer Gesamtbetrachtung zu beurteilen sind. Sollte nicht gewährleistet sein, dass die Prüfer unabhängig voneinander bewerten, sondern nur ein Prüfer das Ergebnis beurteilt, besteht die Gefahr, dass Ergebnisse unterschiedlich gewertet werden. Standardisierte Tests sind im Allgemeinen bekannt und könnten deshalb manipuliert werden. Bei nicht gesichertem Datenschutz ist die Gefahr groß, dass sich Ergebnisse herumsprechen.

Auf der mybook-Seite zum Buch unter mybook.haufe.de finden Sie eine ausführliche Checkliste zur Qualität von Personalauswahlverfahren.

7.4.3 Kompetenzmodelle

Um den Herausforderungen der Zukunft, insbesondere der demografischen Entwicklung, gerecht zu werden, ist das Instrument des **ganzheitlichen Kompetenzmanagements** unerlässlich. Als Steuerungsinstrument ist es ein wesentlicher Faktor im Modell eines in die Zukunft gerichteten Personalmanagements. Das Kompetenzmodell stellt die Anforderungen eines Unternehmens an die Mitarbeiter dar. Es beschreibt die Kompetenzen, macht sie transparent und orientiert sich an den Zielen des Unternehmens und an den persönlichen Zielen des Mitarbeiters. Man kann das Kompetenzmodell als Anforderungskatalog an die Mitarbeiter bezeichnen. Dabei ist es das Ziel, das Kompetenzkapital, das im Unternehmen durch die Mitarbeiter repräsentiert wird, zu nutzen und zu steigern.

Ein gutes Kompetenzmodell zeichnet sich dadurch aus, dass sich die definierten Kompetenzen an den strategischen Zielen orientieren. Um das zu erreichen, muss man zunächst einige Fragen klären:

- Wie wird die Zukunft des Unternehmens in einigen Jahren aussehen?
- Mit welchen organisatorischen Veränderungen können die zukünftigen Herausforderungen bewältigt werden?
- Welche Strukturen benötigt man, um die Aufgaben erfolgreich zu bewältigen?
- Welche Prozesse sind hierfür besonders wichtig?
- Wie sollten diese Prozesse gestaltet werden?
- Welche kreativen Fähigkeiten müssen die Führungskräfte und die Mitarbeiter aufbauen, um diese Ziele zu erreichen?

Die Entwicklung der Kompetenzen geht also von den Werten des Unternehmens (Vision, Mission) über die Zukunft (Trends), der Unternehmensstrategie und den bekannten Kompetenzdefiziten zur Priorisierung der relevanten Kompetenzkriterien. Dazu gehören Fachkompetenzen, Umsetzungskompetenzen, soziale und persönliche Kompetenzen.

Man kann das Kompetenzmodell in zwei Ausprägungen gestalten, ein generalisierendes Modell für das ganze Unternehmen und/oder mehrere spezialisierte Modelle. Erfahrungsgemäß reichen für ein Kompetenzmodell 15 bis 20 Kompetenzen aus. Typische Fehler, die häufig bei der Bildung von Kompetenzmodellen gemacht werden, sind das Kopieren von Modellen anderer Unternehmen, die Entwicklung des Modells ohne die Einbindung der relevanten Entscheider und die Nichtanpassung der Kompetenzen bei einer veränderten Markt- oder Wettbewerbssituation.

Qualifikationen und Kompetenzen

Nach Heyse/Erpenbeck 2004 unterscheiden sich Qualifikationen und Kompetenzen wie folgt:

Qualifikationen sind fremdorganisiert, also auf die Erfüllung vorgegebener Zwecke gerichtet. Eine Kompetenz ist die Fähigkeit, sich selbst zu organisieren. Qualifikationen sind objektbezogen, d.h. sie beschränken sich auf die Erfüllung konkreter Anforderungen. Kompetenzen sind subjektbezogen. Qualifikationen sind auf unmittelbare tätigkeitsbezogene Kenntnisse, Fertigkeiten und Verhaltensweise verengt. Kompetenzen beziehen sich auf die ganze Person, Qualifikationen auf individuelle Fähigkeiten, die nach fixierten Regeln bescheinigt werden können. Kompetenzen beinhalten individuelle Absichten und Werte.

Der Kompetenzbegriff antwortet auf die Herausforderungen der Zukunft wie Globalisierung, Beschleunigung und erhöhte Komplexität. Er erfüllt drei wichtige Funktionen (siehe Personet 2009):

1. Der Kompetenzbegriff gibt Orientierung, indem das Wissen um die eigenen Stärken und deren Erleben in unterschiedlichen Berufs- und Lebenssituationen zum Motor der beruflichen Entwicklung wird.
2. Darüber hinaus stellen der Kompetenzbegriff Kontinuität her, da Kompetenzen dem Individuum immer zur Verfügung stehen, unabhängig davon, welche Berufstätigkeit es ausübt und wo es arbeitet.
3. Schließlich begründet der Kompetenzbegriff Fachqualifikationen, da eine Kernkompetenz nie »nur so« angewendet werden kann, sondern immer in einem bestimmten fachlichen Kontext zur Geltung kommt. Zu ihrer Anwendung sind daher zugleich auch Fachqualifikationen erforderlich.

Wem dienen die Kompetenzen und das Kompetenzmodell?

Das Kompetenzmodell unterstützt Führungskräfte und die Personalverantwortlichen in den relevanten Personalprozessen wie Rekrutierung, Entwicklung, Mitarbeiterbeurteilung und Personalführung. Es gibt Orientierung, indem es Anforderungen konkretisiert und damit die Basis für den genannten Prozess und auch für individuelle Entwicklungsschritte bildet.

1. Das Kompetenzmodell dient als Basis für Stellenbeschreibungen, Rekrutierungsentscheide und Texte für Ausschreibungen.
2. Es liefert Kriterien für die Beurteilung von Führungsqualität, für Beurteilungsgespräche und Feedbackgespräche.
3. Das Kompetenzmodell dient als Entscheidungsgrundlage für Potenzialentscheidungen, Assessments und Entwicklungsseminare.
4. Es enthält Kriterien für Beförderungen.

Abschließend werden die Anforderungen an ein Kompetenzmodell aufgelistet (vgl. Erpenbeck und Hasebrook 2011):

1. Das Kompetenzmodell sorgt für eine Konzentration auf das Wesentliche zur Umsetzung der Unternehmensstrategie.
2. Es orientiert sich an der Unternehmensstrategie.
3. Es berücksichtigt die Werte und Leitbilder eines Unternehmens.
4. Es definiert eindeutige und definierbare Handlungsweisen, die man für die Überprüfung der Kompetenzen nutzen kann.
5. Es ist unabhängig von fachlichen Kriterien.
6. Es wird kontinuierlich den strategischen Gegebenheiten angepasst.
7. Es beschreibt die Anforderungen an die Mitarbeiter in einer verständlichen Sprache.
8. Es schafft die Grundlage für die Identifikation und Messung von Kompetenzen und deren Ausprägung (durch Online-Assessments, Fremd- und Selbsteinschätzung oder Interviews).
9. Es ermöglicht gezielte Maßnahmen im Rahmen des kompetenzorientierten Personalmanagements.

Der **Nutzen eines Kompetenzmodells** ist die Sicherstellung der Nachfolge ausscheidender Mitarbeiter, strategiekonforme Neueinstellungen, die Weiterentwicklung von Mitarbeitern und Nachwuchskräften und dadurch das Leisten eines bedeutenden Beitrags zur langfristigen Sicherung der Produktivität eines Unternehmens.

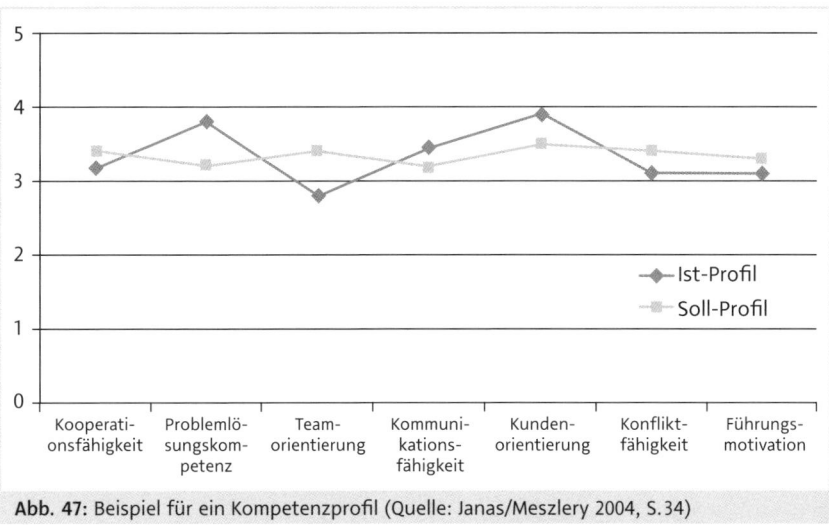

Abb. 47: Beispiel für ein Kompetenzprofil (Quelle: Janas/Meszlery 2004, S. 34)

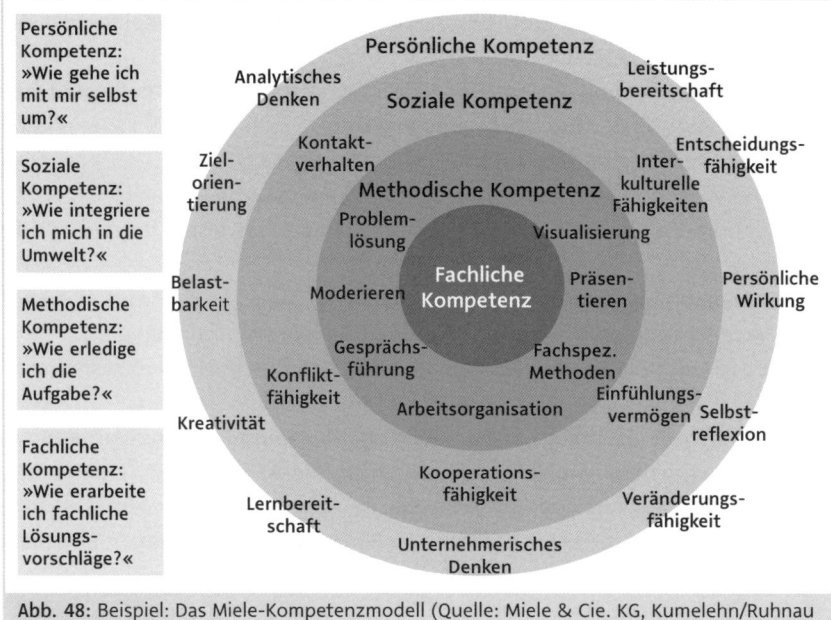

Abb. 48: Beispiel: Das Miele-Kompetenzmodell (Quelle: Miele & Cie. KG, Kumelehn/Ruhnau 2011)

7.4.4 Potenzialbeurteilung

Die Potenzialbeurteilung ist die Bewertung des Potenzials eines Mitarbeiters unter dem Blickwinkel einer strategischen Personalentwicklung. Die wesentliche Aufgabe besteht darin, auf der Grundlage einer Bestandsaufnahme zu antizipieren, inwieweit ein Mitarbeiter für weitergehende Aufgaben einsetzbar ist und welche Entwicklungsmaßnahmen geeignet sind, um ihn für künftige Aufgaben oder Situationen zu qualifizieren.

Aus Sicht des Unternehmens beinhaltet die Potenzialbeurteilung folgende Zielsetzungen:

- langfristige Planung des Führungskräftenachwuchses mit eigenen Mitarbeitern
- Bindung und Motivation von besonders qualifizierten Mitarbeitern
- Einsparung von Kosten einer externen Rekrutierung
- Attraktivität hinsichtlich der Anwerbung von Hochschulabsolventen
- gezielter Einsatz von Stärken
- Abgleich Selbstbild/Fremdbild
- positive Zusammenarbeit und Kommunikation zwischen Mitarbeitern und ihren Vorgesetzten

- individuelle und langfristige Planung von Personalentwicklungsmaßnahmen
- rechtzeitiges Erkennen von Wissensveralterung und gleichzeitiges Gegensteuern durch Entwicklungsmaßnahmen

Eine Anmeldung zur Potenzialbeurteilung erfolgt im Normalfall durch den Vorgesetzten. Es ist aber auch möglich, sich selbst anzumelden oder vom Betriebsrat angemeldet zu werden. Die am häufigsten genutzten Verfahren sind das Assessment-Center, Beurteilungsgespräche oder das 360-Grad-Feedback.

Die nachfolgend aufgeführten Merkmale gehören zum Potenzial des Mitarbeiters:[6]
- Methodenkompetenz (Zusammenhänge erkennen, Defizite ausmachen und Lösungen erarbeiten)
- Sozialkompetenz (Fähigkeit zum Umgang mit Menschen)
- Fachkompetenz (Umsetzung des erlernten Wissens)
- Reflexionskompetenz (Fähigkeit zur Analyse des eigenen Handelns in verschiedenen Situationen)
- Veränderungskompetenz (Fähigkeit auf Veränderungen zu reagieren sowie Bereitschaft zu lebenslangem Lernen)

Die Messung des Potenzials ist eine anspruchsvolle Aufgabe. Sie kann nur mit einem gewissen Aufwand und sehr viel Sorgfalt erfolgen. Dabei sind vier Punkte von zentraler Bedeutung. Erstens der zu prognostizierende Verhaltensbereich, dann die zeitliche Dimension der Prognose, die empirische Absicherung sowie die Auswahl des Datenerhebungsverfahrens.

Hinsichtlich des ersten Punktes muss zunächst geklärt werden, welcher Verhaltensbereich geprüft werden soll. Es geht darum zu wissen, weshalb der Mitarbeiter in eine Potenzialbeurteilung geht. Ist die Weiterentwicklung kontinuierlich, das heißt, geht es um Aufgaben, die künftig unverändert sind, oder geht es um Aufgaben, die sich verändern und die eine erhebliche Flexibilität erfordern? In den genannten Fällen ist eine sehr unterschiedliche Diagnose erforderlich. Bezüglich des zweiten Punktes muss überlegt werden, wie groß der zeitliche Abstand zwischen der Feststellung des Potenzials und der zu prognostizierenden Leistung ist. Je größer der Abstand ist, desto kritischer ist die Prognose zu sehen. Im dritten Punkt sollte beachtet werden, dass eine möglichst große Stichprobe von Personen herangezogen wird. Der letzte Punkt bezieht sich auf die Qualität der Analyse. Hier bieten sich die geläufigen personaldiagnostischen Instrumentarien an. Das Ziel muss sein,

---

6   Vgl. Wikipedia, Eintrag »Potenzialanalyse«.

die subjektiven Fehler zu reduzieren und sich gegenüber den systematischen Fehlern der Personalbeurteilung abzusichern.

Fazit: Die Potenzialbeurteilung ist ein sehr wichtiges Führungsinstrument. Man muss dabei beachten, dass die Anwendung sehr sensibel ist. Wichtig ist, dass die Einführung transparent ist und die Mitarbeiter in den Prozess miteinbezogen werden. Besonders wenn es um die eigene Entwicklung geht, sollte der Betroffene integriert sein. Dem Mitarbeiter müssen die Ziele des Verfahrens kommuniziert werden. Er muss wissen, um was es geht und um was nicht. Dadurch wird sein Verständnis für die Durchführung wachsen. Wichtig ist auch, dass sowohl Vorgesetzte als auch Mitarbeiter das gleiche Verständnis für die angewandten Kriterien haben. Es bleibt aber immer ein Auswahlverfahren. Das bedeutet, dass es nie wirklich »objektiv« sein kann.

7.4.5 Szenario-Technik

Die Szenario-Technik ist heute ein Instrument der strategischen Personalplanung. Ursprünglich wurde es für die Nutzung von Szenarien in den Wirtschafts- und Sozialwissenschaften entwickelt. Die Szenario-Technik geht auf den Zukunftsforscher Herman Kahn zurück. In den USA wurde es dann für militärische Zwecke genutzt. Erst in den 70er-Jahren des vorigen Jahrhunderts wurde die strategische Planung ein Instrument der Unternehmensführung in Europa und daraufhin wurde die Szenario-Technik auch in der strategischen Personalplanung eingesetzt.

Ziel dieser Methode ist es, mögliche Zukunftsentwicklungen zu analysieren und zusammenhängend darzustellen. Dabei werden alternative Wege und Szenarien beschrieben, die zu Entwicklungen der Zukunft hinführen. Das Zukunftsinstitut von Matthias Horx (2010) unterscheidet drei Szenarien-Typen:
1. Trendszenarien
   Hierbei handelt es sich um Verlängerungen gegenwärtiger Entwicklungen in die Zukunft. Es wird gezeigt, was passiert, wenn alles so weitergeht.
2. Extremszenarien
   Es werden zwei gegensätzliche Szenarien, ein positives und ein negatives, gegenübergestellt. So entsteht der sogenannte Szenario-Trichter.
3. Kontrastszenarien
   Die gegenwärtige Situation wird einer wünschenswerten Situation gegenübergestellt. Auf diese Weise werden Maßnahmen entwickelt, die zur gewünschten Situation führen.

Der Szenario-Trichter (vgl. Abb. 49) zeigt die unterschiedlichen Entwicklungswege gemäß den gewählten Szenarien auf. Ausgehend von der Gegenwart entwickeln sich die Möglichkeiten auf einer Zeitachse. Durch die zunehmende Entfernung von der heutigen Situation verbreitert sich die Spannweite des Trichters. Dies lässt sich am besten über ein Extremszenario darstellen.

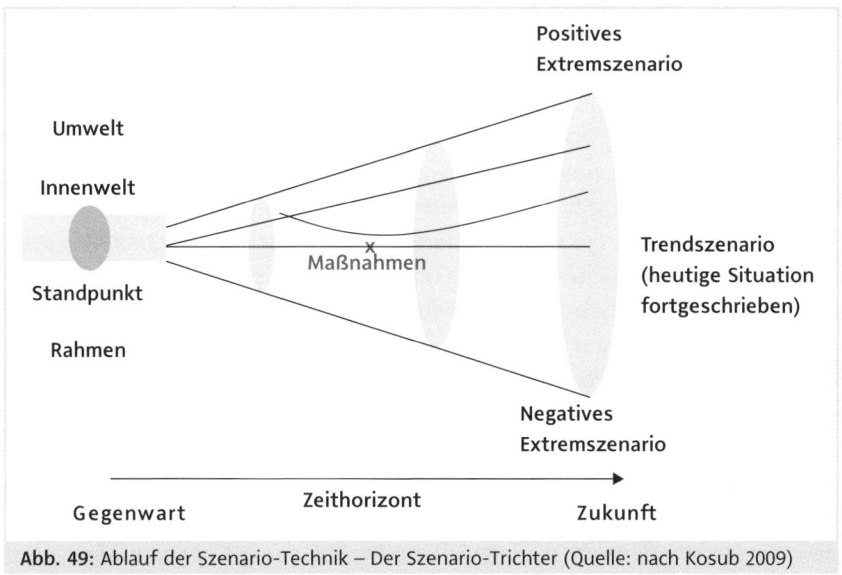

Abb. 49: Ablauf der Szenario-Technik – Der Szenario-Trichter (Quelle: nach Kosub 2009)

Die Szenario-Technik selbst ist gekennzeichnet durch eine vorausgehende Analyse der heutigen, aktuellen Situation, die verdeutlicht, welche Treiber welche Wirkungen erzielen können. Diese Treiber oder Einflussfaktoren können stabil oder unsicher sein. Für Faktoren oder Treiber mit unsicherer Zukunftsentwicklung werden alternative Annahmen getroffen. Die Annahmen müssen nicht quantifiziert werden. Es reicht eine entsprechende Beschreibung. Daraus werden dann die Zukunftsszenarien entwickelt. Sie müssen allerdings in sich konsistent sein.

Bei der Szenario-Technik sollten folgende Schritte berücksichtigt werden (vgl. Geschka/Schwarz-Geschka 2012):
1. Strukturieren und Definieren des Themas
2. Identifizieren und Strukturieren der wichtigsten Einflussfaktoren und Einflussbereiche auf das Thema
3. Formulieren von Deskriptoren und Aufstellen von Projektionen und Annahmen
4. Bilden und Auswählen alternativer konsistenter Annahmen-Kombinationen
5. Entwickeln und Interpretieren der ausgewählten Umfeldszenarien
6. Einführen und Analysieren der Auswirkungen signifikanter Trendbruchereignisse
7. Ableiten von Konsequenzen und Empfehlungen für die Aufgabenstellung
8. Konzipieren von Maßnahmen und Planungen

Die Anwendung der Szenario-Technik in der strategischen Personalplanung ist deshalb entstanden, weil in der Vergangenheit viele Verfahren rein quantitativ und vergangenheitsorientiert ausgerichtet waren. Darüber hinaus sind interne Einflussfaktoren zu wenig berücksichtigt worden. Der Ablauf erfolgt in ähnlicher Weise, wie oben dargestellt. Entscheidend ist, transparent darzustellen, welches Personalproblem im Fokus steht. Geht es um die Sicherung der Talente am Markt, die Retention-Politik (Sicherung von qualifizierten Kräften oder Schlüsselkräften) oder um die Analyse der Altersstruktur? Hinsichtlich der Einflussbereiche muss ausgewählt werden, welche Bereiche für das definierte Problem entscheidend sind. Solche Bereiche können der Arbeitsmarkt, die wirtschaftliche Entwicklung des Unternehmens oder die Belegschaftsstruktur sein. Im nächsten Schritt sollten dann die Faktoren festgelegt werden (z.B. bei der wirtschaftlichen Entwicklung: die Produktionspalette, künftige Techniken oder Branchenstruktur). Dann müssen für die Faktoren die Deskriptoren definiert werden, beim Arbeitgeberimage zum Beispiel die Hochschulkontakte und wiederum die Anzahl der Bewerbungen oder die Positionierung in der Bewertung des Hochschulrankings. Die Deskriptoren werden dann in die Zukunft projiziert. Es werden wie beschrieben negative und positive Szenarien entwickelt, um dann Maßnahmen zu definieren und zu ergreifen, die das Unternehmen in die Lage versetzen, das beste Szenario zu erreichen.

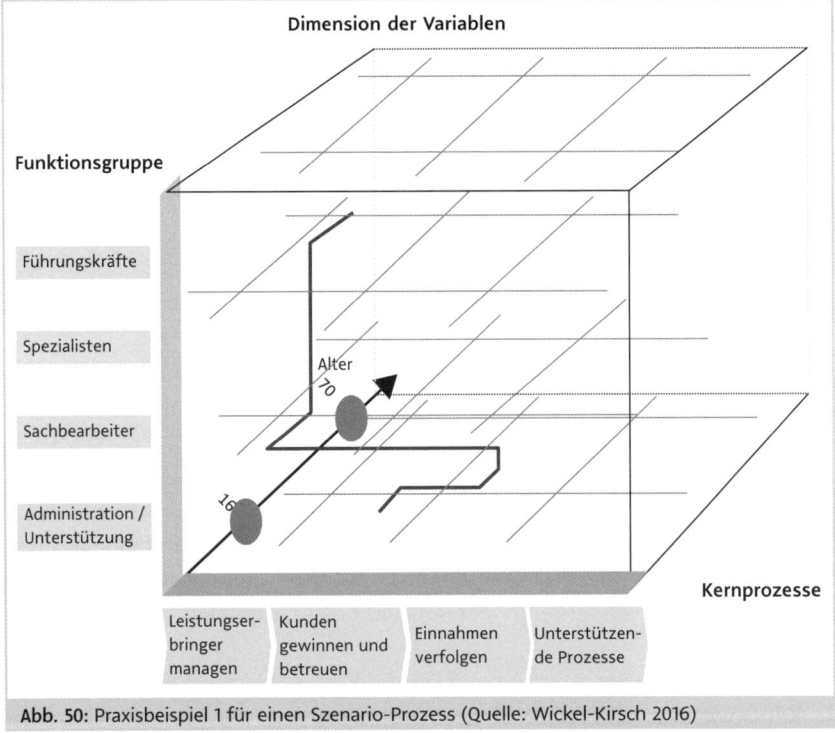

Abb. 50: Praxisbeispiel 1 für einen Szenario-Prozess (Quelle: Wickel-Kirsch 2016)

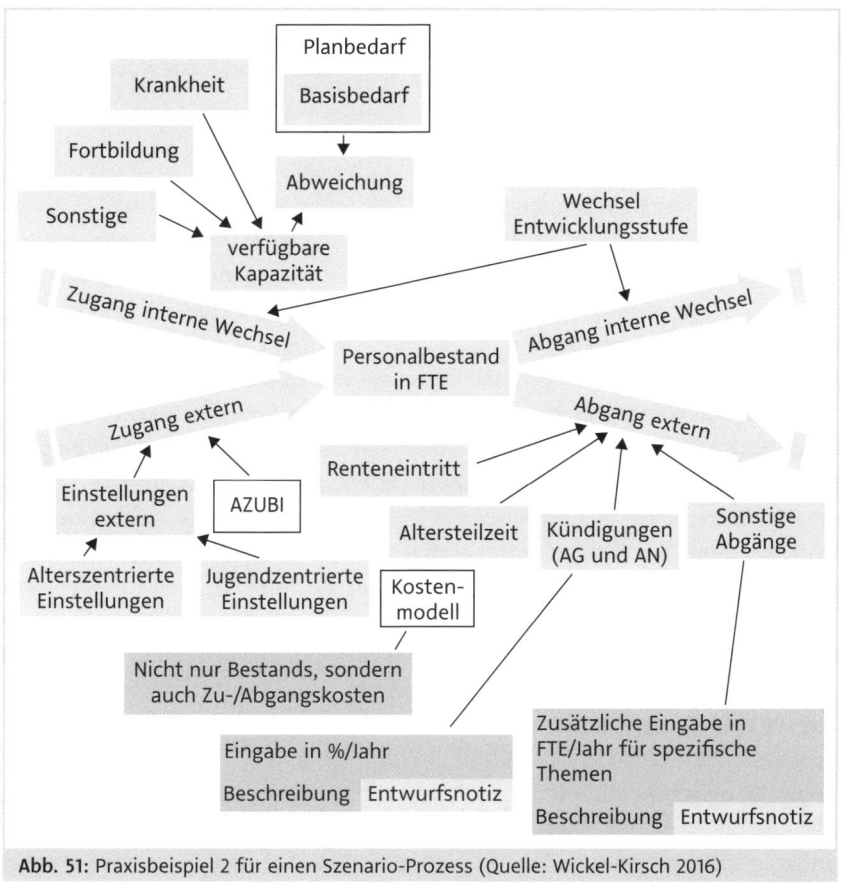

Abb. 51: Praxisbeispiel 2 für einen Szenario-Prozess (Quelle: Wickel-Kirsch 2016)

7.4.6 Personalrisiken

Durch die immer größere Bedeutung des Faktors Personal ist es nicht verwunderlich, dass inzwischen auch über das Management der Personalrisiken immer häufiger gesprochen wird. Während in der Vergangenheit nur über die Risiken der Investitionen, der Finanzen, der IT oder der Liquidität berichtet wurde, hat sich dies in der Zwischenzeit geändert. Die Risiken des Personalfaktors jetzt ebenso fundiert anzugehen, ist angesichts der Kosten, die durch Fehlentscheidungen entstehen können, unabdingbar. Bei der Rekrutierung von Mitarbeitern, insbesondere bei hochqualifizierten Spezialisten, geht es um einen Faktor von 1,5 Jahresgehältern. Diese hohen Personalkosten können nicht nur durch Fehlbesetzungen, sondern auch durch die Verschlechterung des Arbeitsklimas, Demotivation oder innerer Kündigung entstehen.

Die **rechtlichen Grundlagen für die Personalrisiken** sind:

- die gesetzlichen Anforderungen des KonTraG (Gesetz zur Kontrolle und Transparenz, §91 Abs. 2 AktG)
- die gesetzlichen Anforderungen des TransPuG (Transparenz und Publikationsgesetz)
- der Corporate Governance
- die Anforderungen nach Basel II/SolvV (Solvabilitätsverordnung) und die MaRisk (Mindestanforderungen an das Risikomanagement).

Das Personalrisikomodell

Was ist die Aufgabe des Personalmanagements? Es muss die Risiken identifizieren und bewerten, es muss die Risiken steuern und überwachen und die Führungskräfte bei der Minimierung der Personalrisiken begleiten. Ein Beispiel für ein **Personalrisikomodell** nach Kobi (1999) sieht wie folgt aus:

Es beginnt mit der Risikoidentifikation, dann der Risikomessung, der Risikosteuerung und abschließend der Risikoüberwachung. Die Risikofelder sind das Engpassrisiko (fehlende Leistungsträger), das Austrittsrisiko (gefährdete Leistungsträger), das Anpassungsrisiko (falsch qualifizierte Mitarbeiter), das Motivationsrisiko (zurückgehaltene Leistung) und das Integritätsrisiko (nicht integre bzw. illoyale Mitarbeiter).

Wenn man sich noch einmal die Frage stellt, warum es so lange gedauert hat, bis die Personalrisiken als ebenso relevant angesehen wurden wie alle anderen Unternehmensrisiken, kommt man darauf zurück, dass das Personal schlechter genutzt wird als alle anderen Ressourcen. Man spricht davon, dass 20% bis 25% aller Mitarbeiter innerlich gekündigt haben. Aufgrund von Problemen am Arbeitsplatz geht ein Drittel der Zeit verloren. Rund 20% der Mitarbeiter fühlen sich unterfordert. Wenn man den Mitarbeitern die Frage stellt, welche Hobbys sie haben, ist man überrascht, wie viel Kraft und Einsatz die Menschen nach der Arbeit in andere Beschäftigungen (Ehrenämter, häusliche Pflege, Vereinsarbeit usw.) stecken. Auch wenn man inzwischen erkannt hat, wie wichtig die Mitarbeiter für das Unternehmen sind, muss man immer noch davon ausgehen, dass der Mensch nicht im Mittelpunkt der Unternehmenspolitik steht. Die (falsche) Devise lautet: Nicht »Der Mensch als Mittelpunkt«, sondern »Der Mensch als Mittel. Punkt« (siehe Kobi 1999). Diese Tendenz muss sich, unabhängig von den Personalrisiken, umkehren, sonst verlieren die Unternehmen den Anschluss an den Wettbewerb, bei dem es darum geht, die klügsten Köpfe für das eigene Unternehmen zu gewinnen.

In dem oben zitierten Personalrisikomodell sind bereits diverse Risikofelder genannt worden (Engpass-, Austritts-, Anpassungs-, Motivations- und

Integritätsrisiko). Darüber hinaus gibt es noch weitere, die in anderen Modellen genannt werden. Dazu gehören zum Beispiel das Loyalitätsrisiko, das Passungsrisiko, das Strategierisiko, das Führungsrisiko und das Bleiberisiko.

Auf den folgenden Seiten werden die wichtigsten Risikofelder genauer analysiert.

1. Engpassrisiko

Das Engpassrisiko ist das Ergebnis einer nicht ausreichenden Personalausstattung (z.B. vakante Schlüsselpositionen, fehlende Nachwuchsplanung) sowie daraus folgenden Problemen (operative Engpässe, geringere Produktivität, Krankheiten). Weitere Gründe sind eine ungünstige Zusammensetzung des Personalbestandes, fehlende Transparenz über Engpässe und Zielgruppen sowie insgesamt eine fehlende fundierte quantitative und qualitative Personalplanung. Die Konsequenz ist, dass strategische Ziele nicht erreicht werden können, Innovationsprozesse ins Stocken geraten, die Qualität der Produkte sinkt. Darüber hinaus gehen Kunden verloren und die Personalkosten werden steigen, weil man für potenzielle Nachfolger jeden Preis bezahlen muss.

2. Austrittsrisiko

Das Austrittsrisiko ist gekennzeichnet von den Folgen ungewollter Kündigungen und altersbedingter Austritte. Dies gilt insbesondere für Leistungträger. Die Kündigungen von Schlüsselpersonen und der damit verbundene Know-how-Verlust werden als das größte Problem angesehen. Auch hier tritt die mangelnde Transparenz hinsichtlich der Gefährdung solcher Personengruppen in den Vordergrund. Darüber hinaus kann eine Verschärfung des Austrittsrisikos folgende Gründe haben: fehlerhafte Austrittsanalyse, fehlendes Retention-Management, mangelnde Leistungs- und Zielorientierung, nicht adäquate Beurteilungs- und Entlohnungsinstrumente sowie nicht marktgerechte Anstellungsbedingungen.

3. Anpassungsrisiko

Ein Anpassungsrisiko entsteht, wenn sich aufbau- und ablauforganisatorische Rahmenbedingungen (z.B. Umstrukturierungen, Qualifizierungsbedarfe oder Neuerungen in der Führungskultur) verändern, sich diese Entwicklungen auf die Arbeitsbereiche der Mitarbeiter auswirken, was wiederum eine hohe Veränderungsbereitschaft der Belegschaft erfordert. Diese Folgen entstehen auch bei einer Unter- oder Überqualifizierung der Mitarbeiter. Es kann in beiden Fällen zu Frustrationen und einer Weigerung zur Anpassung führen. Das gilt genauso für eine nicht auf die Strategie fokussierte Weiterbildung, eine nicht auf die Praxis ausgelegte Qualifizierung, mangelnde Zeit für die Qualifizierung, nicht adäquate Führungskultur, mangelnde Identifikation mit der

Strategie und der Unternehmenskultur sowie mangelnder Veränderungsbereitschaft der Mitarbeiter.

4. Motivationsrisiko

Motivationsrisiken entstehen, wenn Unternehmen und ihre Mitarbeiter motivierende Faktoren nicht ausreichend zur Verfügung stellen bzw. die vorhandenen nicht entsprechend wahrgenommen werden. Demotivierende Faktoren dagegen werden vom Unternehmen nicht wahrgenommen, jedoch von der Belegschaft sehr sensibel registriert. Die Folgen daraus können sich direkt auf die Arbeitsatmosphäre und die Produktivität des Unternehmens auswirken. Auch spielt wieder eine ungenügende Leistungs- und Zielorientierung eine Rolle. Weitere Folgen sind Vertrauensverlust, geringes Commitment sowie eine wachsende Zahl von Mitarbeitern, die innerlich gekündigt haben oder an Burnout erkranken. Es fehlt meistens an Programmen zur Aufrechterhaltung der Leistungsfähigkeit Älterer. Hinzu kommen fehlende Familienförderung (insbesondere Frauenförderung), mangelndes Generationenmanagement sowie ungenügende Gesundheitsprävention.

5. Loyalitätsrisiko

Bei diesen Risiken geht es um Verstöße gegen gesetzliche oder innerbetriebliche Regelungen (Insidergeschäfte, Vermögensdelikte, Betrug, Diebstahl, nachlässiger Umgang mit vertraulichen Unterlagen, sexuelle Belästigung am Arbeitsplatz, Mobbing, Bestechlichkeit, Geheimnisverrat, Datenmissbrauch usw.).

6. Strategierisiko

Hierbei geht es um das Fehlen von wichtigen Orientierungsrahmen (Strategien, Leitbild, Kundenorientierung, Leistungsbereitschaft usw.).

7. Passungsrisiko

Dieses Risiko bezieht sich allein auf die richtige Zuordnung von Mitarbeitern und Stellen (Positionen). Im Zusammenhang mit anderen Personalrisiken ist bereits von der Unter- bzw. Überforderung von Mitarbeitern gesprochen worden. Es ist dringend erforderlich, die Anforderungen einer Position mit dem Wissen, dem Können und dem Verhalten des jeweiligen Mitarbeiters abzustimmen. Es gibt immer mehr Arbeitgeber, die von ihren Mitarbeitern und von potenziellen Bewerbern erwarten, dass sie breit einsetzbar sind, also in der Lage sind, mehrere verschiedene Arbeitsplätze auszufüllen.

Darüber hinaus kann es zu Risiken im Prozessablauf (ungeeignete organisatorische Regelungen, mangelnde Funktionstrennungen) kommen, zu Risiken im Arbeitsumfeld (Gefährdung von Gesundheit und Sicherheit), zu Risiken durch das überforderte Management (mangelnde Einsicht in das Erfordernis des Delegierens, falsche Führungskräfte durch das Einsetzen des besten Spezialisten als Führungskraft) sowie allgemein bekannte Fälle der Wirtschaftskriminalität.

Man kann den Personalrisiken vor allem dadurch begegnen, indem man …
- die strategische Personalplanung langfristig anlegt,
- für die Personalrisiken ein Früherkennungsinstrument implementiert und in der Personalplanung mit der Potenzialanalyse arbeitet,
- die Planung als Basis für die Gewinnung neuer Mitarbeiter einsetzt (als Entwicklungsinstrument hinsichtlich der Kompetenzen der Mitarbeiter),
- für die Honorierung der Mitarbeiter ein Retention-Programm zur Vermeidung von Abgängen von Leistungsträgern nutzt,
- einen permanenten Abgleich der Personalplanung mit der Unternehmensstrategie vornimmt und
- ggf ein Benchmarking-Projekt aufsetzt, um Vergleiche am Markt zu erhalten.

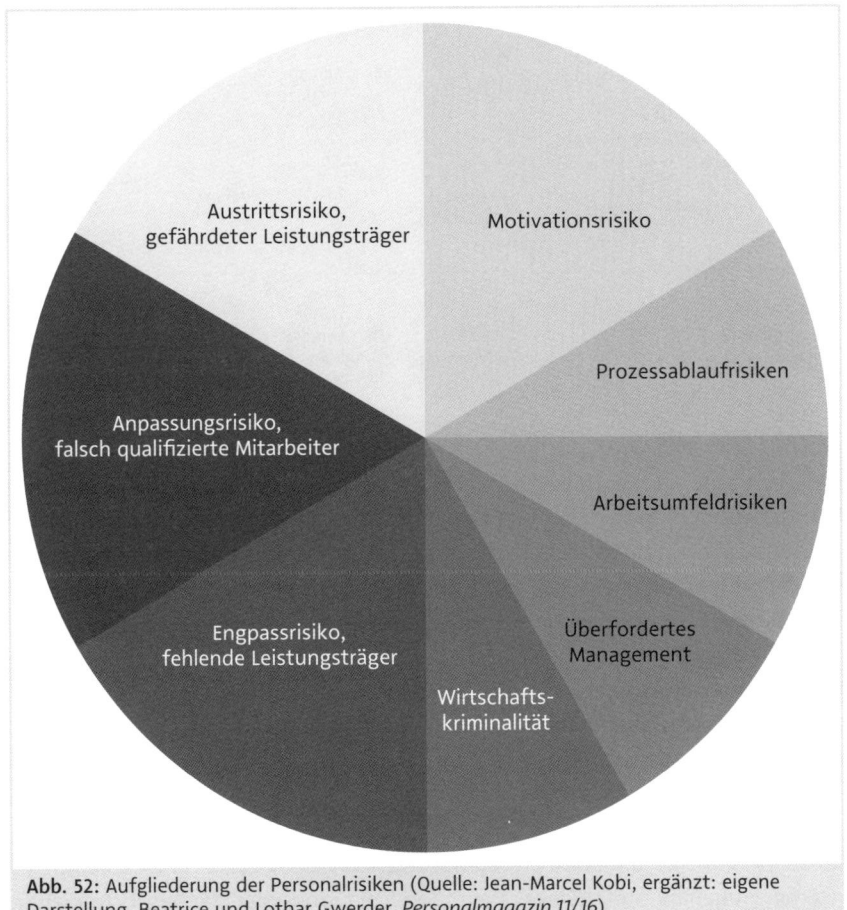

Abb. 52: Aufgliederung der Personalrisiken (Quelle: Jean-Marcel Kobi, ergänzt: eigene Darstellung, Beatrice und Lothar Gwerder, *Personalmagazin 11/16*)

Sich mit den Personalrisiken auseinanderzusetzen bedeutet, sich frühzeitig zu fragen, welche Mitarbeiter das Unternehmen für die Bewältigung der Zukunftsaufgaben benötigt, aber auch, wie man diese Kandidaten gewinnt und wie man die Belegschaft zu überdurchschnittlichen Leistungen motiviert. Es geht insgesamt darum, die Personalrisiken transparent zu machen und ihnen durch präventive Maßnahmen zu begegnen. Ebenso wichtig ist es, die Risiken den Verantwortlichen gegenüber deutlich darzustellen und dafür Sorge zu tragen, dass alle Bereiche in diesen Prozess integriert werden. Durch ein regelmäßiges Controlling muss ein permanenter Austausch erfolgen und so verhindert werden, dass aus den ersten Anzeichen ein bedrohliches Szenario wird.

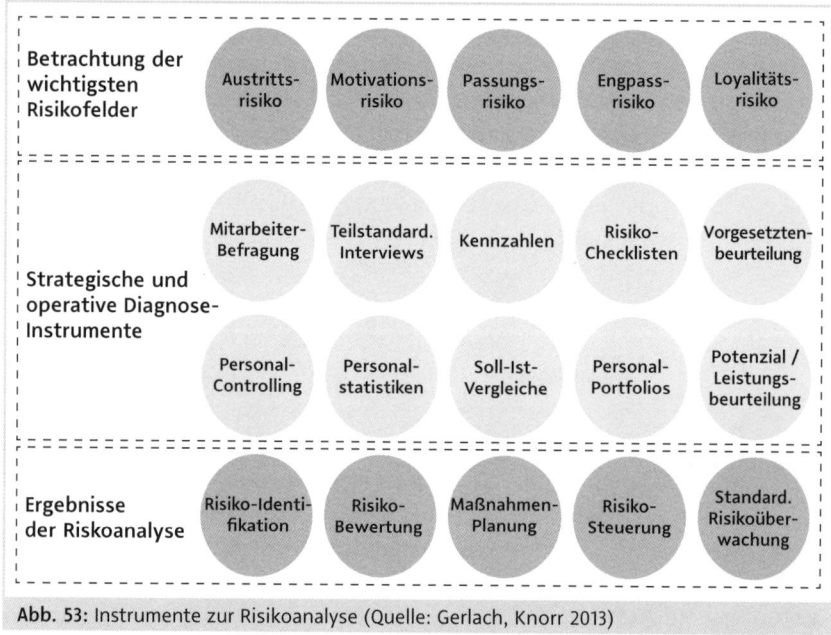

Abb. 53: Instrumente zur Risikoanalyse (Quelle: Gerlach, Knorr 2013)

Wie bedeutsam dieses Thema inzwischen ist, kann man auch daraus erkennen, dass ein Unternehmen wie die Volkswagen AG in ihrem Geschäftsbericht von 2016 ein deutliches Statement über die Wichtigkeit und Bedeutung ihrer Personalmaßnahmen abdruckt.

Unternehmensbeispiel: Commerzbank AG
Am Beispiel des Unternehmensmodells der Commerzbank AG, welches heute nicht mehr praktiziert wird, lässt sich sehr gut eine strukturierte Vorgehensweise im Umgang mit Personalrisiken erkennen.

Zunächst wurden die Rahmenbedingungen für ein ganzheitliches Personalrisikomanagement festgelegt. Beginnend mit den gesetzlichen Grundlagen (siehe oben, KonTraG, Basel II/SolvV, MaRisk) wurden die Personalrisiken in die Konzernrisikostrategie einbezogen. Das bedeutet, dass neben den Risiken, die in das ökonomische Kapitalkonzept einbezogen sind (Kredit-, Länder-, Markt-, Business- und operationelle Risiken), die Personalrisiken in die sonstigen Risiken (insbesondere nicht-quantifizierbare Risiken (Compliance, Investitionen, Organisation, IT, Recht, Reputation und Geschäftsstrategie) integriert wurden.

Personalrisiken werden im Rahmen der operationellen Risiken betrachtet. Ermittelt werden sie zu diesem Zeitpunkt teilweise durch Selbsteinschätzung und durch Risikoindikatoren. In der Strategie wurde festgelegt, dass man sich auf das Anpassungsrisiko, das Motivationsrisiko, das Austrittsrisiko und das Engpassrisiko hinsichtlich der Indikatoren konzentriert. Nach den Mindestanforderungen an das Risikomanagement (MaRisk) werden die Risiken wie folgt dargestellt:

1. Anpassungsrisiko
   Die Mitarbeiter sowie deren Vertreter müssen abhängig von ihren Aufgaben, Kompetenzen und Verantwortlichkeiten über die erforderlichen Kenntnisse und Erfahrungen verfügen. Durch geeignete Maßnahmen ist zu gewährleisten, dass das Qualifikationsniveau der Mitarbeiter angemessen ist.
2. Motivationsrisiko
   Die Ausgestaltung der Vergütungs- und Anreizsysteme darf den in der Unternehmensstrategie niedergeschriebenen Zielen nicht widersprechen.
3. Austrittsrisiko
   Die Abwesenheit oder das Ausscheiden von Mitarbeitern sollte nicht zu nachhaltigen Störungen der Betriebsabläufe führen.
4. Engpassrisiko
   Die quantitative und qualitative Personalausstattung des Kreditinstituts hat sich insbesondere an betriebsinternen Erfordernissen, den Geschäftsaktivitäten sowie der Risikosituation zu orientieren. Dies gilt auch beim Rückgriff auf Leiharbeitnehmer.

In der Strategie wurde klar festgelegt, dass die Führungskräfte für die Steuerung der Personalrisiken verantwortlich sind. Verantwortung bedeutet Steuerung und Minimierung der Personalrisiken durch kontinuierliche Überprüfung hinsichtlich der verfügbaren Personalressourcen und der Stärken und Schwächen der Personalausstattung. Der Personalbereich ist verantwortlich für das regelmäßige Aufzeigen von Personalrisiken für die verantwortlichen Führungskräfte und die Gremien des Kreditinstituts.

Die Nachhaltigkeit wird durch ein HR-Cockpit sichergestellt. Das Personalrisiko-Cockpit schafft Klarheit und Transparenz über die wichtigsten Personalrisiken. Jede der vier genannten Risikoarten wird mit Kennzahlen hinterlegt.

1. Anpassungsrisiko – Anteil der Mitarbeiter, die von Umstrukturierungen betroffen sind

- Anteil Mitarbeiter – Zugänge im Bereich
- Anteil Mitarbeiter, die über- bzw. unterqualifiziert sind
- Anteil Mitarbeiter mit neuem Vorgesetzten

2. Motivationsrisiko – Commitment-Index (TNS Infratest)

- Abstand eigener Bereich zu durchschnittlichem Gesamtindex
- eigener Commitment-Index zu Gesamt
- Commitment-Index
- internes Benchmark
- Vergütungsbenchmark
- Anteil nicht bestandener Assessment-Center

3. Austrittsrisiko – Arbeitnehmer-Kündigungen

- Anteil Arbeitnehmer vor zeitnahem altersbedingten Ausscheiden
- Verweildauer im Bereich
- Abweichung vom mittleren Durchschnitt
- kurze Verweildauer (weniger als zwei Jahre)

4. Engpassrisiko – Krankheitsquote

- vakante Schlüsselpositionen
- Anteil Schlüsselpositionen vor zeitnahem altersbedingten Austritt
- Anteil Mitarbeiter vor altersbedingtem Austritt

Alle genannten Kennzahlen werden zunächst prozentual gewichtet. Auf diese Weise wird festgestellt, welchen Anteil eine Kennzahl in dem Risikobereich hat. Danach werden pro Kennzahl Schwellenwerte ermittelt (grün, gelb, rot), bei deren Überschreiten (rot, eventuell auch gelb) ein Eingreifen erforderlich ist. Die Schwellenwerte werden gemeinsam mit den Bereichen festgelegt und regelmäßig entsprechend der Strategie angepasst.

Risikoarten	Risikoarten mit Kennzahlbeispielen
• Anpassungsrisiko Durch Arbeitsplatz- wechsel oder Umstruk- turierung entstehendes Risiko • Motivationsrisiko Durch fehlerhafte Ausgestaltung der Vergütungs- und Anreizsysteme entstehendes Risiko • Austrittsrisiko Durch Ausscheiden von Mitarbeitern entstehen- des Risiko • Engpassrisiko Durch nicht ausreichen- de quantitative und qualitative Personalaus- lastung des Kreditinsti- tuts entstehendes Risiko	**Anpassungs-** **risiko** • MA von Umstruktu- rierung betroffen • MA mit neuen Vorgesetzten **Motivations-** **risiko** • Commitment-Index • Gehaltsbenchmark **Engpass-** **risiko** • Krankheitsquote • Anteil Schlüsselpositio- nen vor altersbed. Austritt • Vakante Schlüsselposi- tionen **Austritts-** **risiko** • AN-Kündigungen • Anteil MA vor altersbedingtem Austritt

Abb. 54: Personalrisiko-Cockpit (Quelle: Gerlach, Knorr 2013)

Kennzahlen	Wert	Schwellenwerte			
		$G^{(1)}$	■	▲	●
Anteil MA von Umstrukturierung betroffen	x % ●	(25%)	>20%	10–20%	<10%
Anteil MA-Zugang im Bereich	x % ●	(25%)	>5%	2–5%	<2%
Anteil MA, die über- bzw. unterqualifiziert sind	x % ●	(25%)	>49%	30–49%	<30%
MA in Kompetenzstufen 1 + 2 x %					
MA in Kompetenzstufen 5 + 6 x %					
Anteil MA mit neuem Vorgesetzten	x % ●	(25%)	>30%	10–30%	<10%

Abb. 55: Personalrisiko: Anpassung (Quelle: Gerlach, Knorr 2013)

Kennzahlen	Wert	Schwellenwerte			
		$G^{(1)}$	■	▲	●
Commitment-Index (OCI) [2]	●				
Abstand eigener Bereich < Ø Gesamtbank-Index	x %	(12%)	>20%	10–20%	<10%
Eigener OCI < Gesamtbank OCI	x %	(11%)	>10%	5–10%	<5%
Internes Benchmark	x Pkt.	(11%)	>47	47–53	54
Vergütungsbenchmark	x % ●	(33%)	>10%	5–10%	<5%
Anteil nicht-bestandeter AC's	x % ●	(33%)	>10%	5–10%	<5%

(1) G = Gewichtung
(2) OCI = Organisational Commitment Index von TNS Infratest

Abb. 56: Personalrisiko: Motivation (Quelle: Gerlach, Knorr 2013)

Kennzahlen	Wert	Schwellenwerte			
		$G^{(1)}$	■	▲	●
Arbeitnehmer-Kündigungen	x % ●	(40%)	>3%	2–3%	<2%
Anteil MA vor zeitnahmen altersbedingtem Austritt	x % ●	(40%)	>15%	10–15%	<10%
Verweildauer im Bereich	x % ●				
Abweichung vom Median xJ		(10%)	>3 J	2–3 J	<2 J
Kurze Verweildauer (< 2 Jahre) x %		(10%)	>10%	5–10%	<5%

Abb. 57: Personalrisiko: Austritt (Quelle: Gerlach, Knorr 2013)

Kennzahlen	Wert	Schwellenwerte			
		$G^{(1)}$	■	▲	●
Krankheitsquote	x % ●	(30%)	>5%	3–5%	<3%
Vakante Schlüsselpositionen	x % ●	(30%)	>10%	5–10%	<5%
Anteil Schüsselpositionen vor zeitnahem altersbedingtem Austritt	x % ●	(30%)	>10%	5–10%	<5%
Anteil MA vor zeitnahem altersbedingtem Austritt	x % ●	(10%)	>10%	5–10%	<5%

Abb. 58: Personalrisiko: Engpass (Quelle: Gerlach, Knorr 2013)

7.5   Unternehmensbeispiel: Deutsche Bank

In der Zeitschrift *Personalwirtschaft 1/2018* hat die Deutsche Bank ihr neues Projekt der strategischen Personalplanung vorgestellt. Nach der Einsicht, dass kein Plan langfristig den Kontakt zur Realität aufrechterhalten kann, das Unternehmen aber darauf angewiesen ist, den Personalbestand und die Personalkosten exakt zu planen, hat man einen **Rolling Forecast** als Lösungsmöglichkeit gefunden.

Es wurde analysiert, dass einer der größten Kostenblöcke im Dienstleistungsbereich die Personalkosten sind. Deswegen ist es für ein Unternehmen wie der Deutschen Bank unabdingbar, diese zu planen und zu steuern. In der Vergangenheit waren die Planungsperioden (halbjährlich) zu lang, sie sind von der Wirklichkeit oft überholt worden. Das heißt, bei Veränderungen im wirtschaftlichen Umfeld konnte immer nur verspätet reagiert werden. Daher hat der Personalbereich auf eine im Vertrieb genutzte Methode zurückgegriffen und den Ansatz auf den Personalbereich übertragen. Damit ist der Personalbereich gleichzeitig in der Lage, seine Rolle als strategischer Partner (Business Partner) wahrzunehmen.

Der Rolling Forecast ist ein dynamischer Prognoseprozess. Ziel ist es, die Entwicklung der Personalkosten und den Personalbestand auf Bereichs- und Konzernebene mit dem Prognoseziel einer Abweichung zwischen Ist und Forecast von maximal einem Prozent zu berechnen. Die Methode erfordert, dass der Forecast monatlich aktualisiert wird, um dann eine Prognose der nächsten vier Quartale zu erstellen. Dadurch gelingt es der Deutschen Bank, eventuelle Abweichungen frühzeitig zu erkennen und rechtzeitig Gegenmaßnahmen in die Wege zu leiten.

Es geht nicht darum, den jährlichen Planungsprozess zu ersetzen, sondern darum, ihn durch eine weitere Facette zu ergänzen. Die Methode ist für den ganzen Konzern vereinheitlicht worden. Damit werden die Verantwortlichen in die Lage versetzt, einen aggregierten Blick auf die Kostentreiber zu werfen, und zugleich wird ein zentrales Reporting mit Szenario-Analysen geschaffen.

Die folgenden Punkte hätte besser laufen können

- Divisionsstruktur und Detaillierungsgrad
  Diese Größen sollten nicht zu komplex gewählt werden, damit es noch beherrschbar ist.
- hohe IT-Kosten
  Es ist wichtig, sich frühzeitig für ein adäquates IT-Tool zu entscheiden, um die Implementierung kostengünstig durchzuführen.

- hoher Aufwand und damit verbundene Personalkosten
  Planung und Implementierung eines solchen Projekts bringen große Anforderungen an die Projektsteuerung mit sich. Es ist erforderlich, struktu-
  riert und zielgerichtet vorzugehen, um den Aufwand für die Projektmitar-
  beiter möglichst gering zu halten.
- Kulturwandel erforderlich
  Innovationen und die Einführung eines solchen Projektes erfordern die
  Bereitschaft zur Veränderung. Eine größere Transparenz muss gewollt und
  akzeptiert werden.

Um die zu erwartenden Mitarbeiterkapazitäten für die nächsten vier Quartale zu berechnen, werden Daten der vergangenen drei Jahre verwendet. Die
Zahlen werden in ein Excel-Tool importiert. Weiterhin werden andere wichtige
Zahlen, Fixgehälter im Corporate-Bereich jährlich berechnet und in das System gepflegt. Aufgrund all dieser Daten berechnet das System vierteljährlich
einen **Trend Forecast**, der die prognostizierten Beschäftigungszahlen und
die dazu gehörenden Personalkosten widerspiegelt. Durch den Vergleich mit
dem Vorjahreszeitraum werden die Entwicklungen und saisonalen Schwan-
kungen sichtbar. Die Strategie und Marktsituation einer Division werden
ebenso berücksichtigt. Nach der Überprüfung durch die Verantwortlichen der
Geschäftsbereiche werden die Zahlen den Leitungen sowie der Finanz- und
Personalabteilung zur Verfügung gestellt. Signifikante Abweichungen werden
kommentiert und erörtert, so dass Gegenmaßnahmen, falls erforderlich, in
die Wege geleitet werden. Später werden dann die Werte des Forecasts mit
den tatsächlich eingetroffenen Werten verglichen. Nach anfänglichen Abweichungen von bis zu 3% ist der Wert jetzt auf unter 1% gesunken.

Überlegungen hinsichtlich einer anderen technischen Basis wurden fallenge-
lassen. Stattdessen wurde eine verbesserte Variante des Rolling Forecast in
Excel entwickelt.

Welche Kenntnisse hat das Projekt gebracht?
- Einführung eines globalen Systems zur Prognose des Personalbestandes
  und der Personalkosten
- datengestützte Entscheidungen zur Optimierung des Personalbestandes
- Identifikation von Kostentreibern im Rahmen des Workforce-Manage-
  ments
- aktive Einbindung der Geschäfts- und Infrastrukturbereiche in die Gestaltung des Prognoseprozesses mit klarer Verantwortungsregelung

Dieses Projekt hat sich für die Deutsche Bank schon in der Pilotphase als
erfolgreich erwiesen. Es zeigt aber auch, dass durch kreative Lösungen ein

Personalbereich sich als Business Partner etablieren kann und von den Geschäftsbereichen als solcher akzeptiert wird.

7.6 Kennzahlen für die strategische Personalplanung

Im Bereich der strategischen Personalplanung werden die nachfolgenden Kennzahlen häufig genutzt:

Kennzahlen für die strategische Personalplanung	
Altersstruktur	Summe der Altersgruppe von ... bis × 100 : Gesamtbelegschaft
	Das so ermittelte Durchschnittsalter der Beschäftigten liefert einen Überblick über die Altersstruktur eines Betriebs.
Durchschnittsalter	Summe Alter über Gesamtbelegschaft : Anzahl der Mitarbeiter
	Diese Kennzahl ist wichtig für Bereiche und für Jobfamilien.
Teilzeitquote	Anzahl Teilzeitmitarbeiter : Gesamtbelegschaft
	Die Kennzahl zeigt den Flexibilisierungsgrad.
Verbleibensquote	Zahl der während eines Jahres eingestellten und noch vorhandenen MA : Zahl aller neuen MA eines Jahres
	Die Kennzahl sagt etwas über Rekrutierungsqualität und Bindungspraxis.
Personalzugang	Personalzugänge × 100 : Zahl der durchschnittlich Beschäftigten
	Diese Kennzahl liefert Hinweise über Wachstum oder einen hohen Beschäftigungswechsel.
Kosten Wissenstransfer	Kostensumme aller Investitionen für Wissenstransfer (Tools, Umschulungen, Software)
	Weitergabe von Wissen an Nachfolger oder jüngere Mitarbeiter
Übernahmequote	Anzahl der übernommenen Azubis : Anzahl aller Azubis mit beendeter Ausbildung
	Eine negative Entwicklung signalisiert demografische Probleme.
Tätigkeitswechsel	durchschnittliche Verweildauer bis zu einem Wechsel
	Diese Kennzahl liefert einen Maßstab für eine lernfördernde Organisation.
Fehlzeitenquote	Fehlzeitenstunden, Tage × 100 : Sollarbeitszeit
	Diese Kennzahl gibt Auskunft über das Arbeitsklima.

Kennzahlen für die strategische Personalplanung	
Krankheitshäufigkeit	Anzahl der Krankheitsfälle : Gesamtmitarbeiter
	Diese Kennzahl gibt Auskunft über Arbeitsklima und Belastung am Arbeitsplatz.
Anteil Leiharbeit-nehmer	Anzahl Leihmitarbeiter × 100 : Anzahl Gesamtmitarbeiter
	Diese Kennzahl ist hinsichtlich der demografischen Entwicklung kritisch zu betrachten.
Beschäftigungsstruktur	z.B. Anteil Führungskräfte × 100 : Anzahl Gesamtmitarbeiter
	Diese Kennzahl zeigt die Strukturen des Betriebs auf.
Interne Zugangsquote	Einstellung interner MA × 100/ Anzahl Zugänge insgesamt
	Diese Kennzahl zeigt die Möglichkeiten interner Versetzungen sowie von Jobrotation und Weiterqualifizierung auf.
Einstellungsquote Hochschulabsolventen	Anzahl rekrutierte Hochschulabsolventen × 100 : Anzahl Zugänge insgesamt
	Diese Kennzahl macht deutlich, wie es um die Attraktivität des Unternehmens am Arbeitsmarkt bestellt ist.
Human Investment Ratio	Umsatz – Gesamtkosten (Gesamtentlohnung) : Gesamtentlohnung
	Diese Kennzahl zeigt den Mehrwert an, den eine Arbeitskraft für das Unternehmen geschaffen hat.
Outsourcing-Kosten	Kosten Outsourcing : Gesamtkosten
	Diese Kennzahl macht den Anteil der outgesourcten Einheiten an den Gesamtkosten sichtbar.

Abschließend noch einige Kennzahlen zum Personalrisikomanagement:[7]

Engpassrisiko
- Daten zur Mitarbeiterstruktur
- Anteil interner Besetzung von Führungspositionen
- Potenzialträgerquote
- Anzahl Potenzialkandidaten pro erwarteter Vakanz
- durchschnittliche Dauer pro Einstellungsprozess
- Anteil MA, die im ersten Jahr wieder ausscheiden
- Zufriedenheitsquote bei neuen MA nach sechs Monaten

Austrittsrisiko
- allgemeine Fluktuationsquote
- Fluktuationsquote kritischer Personengruppen (Schlüsselpositionen)

---

7   Siehe *Personalmagazin*, Haufe-Gruppe 2012.

- Entwicklung durchschnittlicher Vergütungen
- Arbeitszufriedenheit und Resignation

Anpassungsrisiko
- Personalentwicklungstage pro Mitarbeiter
- Anzahl Jobrotation
- Anzahl Mitarbeiter, die länger als sieben Jahre in ihrer Funktion sind
- Index Veränderungsbereitschaft
- Unternehmenskulturindex

Motivationsrisiko
- Wertschöpfung/Ebit pro Mitarbeiter
- Anteil innerlich Gekündigter
- Anzahl Frauen in verschiedenen Führungsstufen
- Anteil Weiterbildung ältere Mitarbeiter
- Entwicklung Pensionsalter
- Absenzquote (ohne Langzeitabsenzen)
- Entwicklung Gesundheitsförderungsmaßnahmen
- Commitment-Index
- Kenntnis Unternehmensziele durch Mitarbeiter

Loyalitätsrisiko
- Anzahl der Verstöße gegen Regelungen
- Anzahl Fälle physischer Beeinträchtigungen am Arbeitsplatz
- Vertrauensindexu

8 IT-Unterstützung für die professionelle Personalplanung

Um alles, was in diesem Crashkurs zum Thema Personalplanung geschrieben wurde, umzusetzen, benötigt man in vielen Bereichen eine IT-Unterstützung. Wie in allen Bereichen der Arbeitswelt gibt es auch hier keine Musterlösung. Es kommt darauf an, wie groß das Unternehmen ist, welches Budget zur Verfügung steht und ob das Thema im Fokus der strategischen Überlegungen der Geschäftsleitung steht.

Zu Beginn dieses Kapitels erhalten Sie einen kleinen Überblick zum Umgang mit Personalinformationen. Als Grundlage dazu dient die historische Urform des Personalinformationssystems, das **administrative Personalwirtschaftssystem**. Hier geht es um Personalstatistik, Personalaufwand, Fehlzeiten, Mehrarbeit, Sozialwesen und andere Auswertungen. Der nächste Schritt betrifft die **dispositiven Systeme**, in denen es um die Verbindung von Bestandsdaten und Bedarfsdaten geht, also zum Beispiel um Personaleinsatz- oder Personalkostendaten. Eine weitere Entwicklung sind die **Managementinformationssysteme**. Dort spricht man von Abfragesystemen, Kontrollsystemen und Planungssystemen. Von hier aus ist es nur ein weiterer Schritt bis hin zum vollständig integrierten **personalwirtschaftlichen Anwendungssystem**. Dieses enthält alle Anwendungsfelder des Personalbereichs. Von der Entgeltabrechnung über die Personalentwicklungsplanung, das Bewerbermanagement, die Budgetierung, die Stellenwirtschaft, die Stammdatenpflege, die Zeitwirtschaft, die Weiterbildungsangebote bis hin zur Planungs- und Simulationsdatenbank.

In den letzten Jahren haben sich die Technologien dramatisch weiterentwickelt und das hat natürlich auch gravierende Auswirkungen auf den Personalbereich. Heute spricht man von **Digitalisierung** und von der **Arbeitswelt 4.0**. Was heißt eigentlich »Digitalisierung« und welche Auswirkungen hat sie auf das Personalgeschäft?

Digitalisierung bezeichnet die Veränderung von Prozessen, die durch den Einsatz von Informationstechnologien erfolgt. Zu Beginn des Prozesses ging es nur um die Erstellung von digitalen Repräsentationen von physischen Objekten, Ereignissen oder analogen Medien. Im heute üblichen Sinne geht es um die Möglichkeiten, die die Informationstechnologie für die weitere Automatisierung der Geschäftsprozesse bietet. Das bedeutet für den Personalbereich ebenso wie für die Geschäftsbereiche eine entscheidende Veränderung der Prozesse und Arbeitsweisen. Wenn man die Personalverantwortlichen nach den großen Herausforderungen der Zukunft befragt, wird unter den Top 5 immer der Begriff »Strategic

Workforce Planning« genannt. Das bedeutet, dass die strategische Personalplanung (so die Übersetzung) ein immer größeres Gewicht gewinnt. Die Umsetzung dieses aus Sicht der Unternehmen wichtigen Themas erfolgt mehrheitlich (70%) mit Excel oder vergleichbaren Programmen. Nur die Minderheit nutzt SAP, Oracle oder gar analytische Tools wie zum Beispiel SPSS, SAS oder Dynaplan.

Auswahlkriterien für die passende Personalsoftware

Nach welchen Kriterien sollte die Auswahl der passenden HR-Software vorgehen? Die folgende Liste soll Ihnen die Auswahl erleichtern:

- Zielsetzung
- Benutzerakzeptanz
- Flexibilität und Wartung
- funktionale Vollständigkeit
- Hardware- und Plattform-Voraussetzung
- Hersteller (Referenzen, Training, Support)
- Kosten (Kaufpreis, jährliche Lizenzgebühren, Personentage)
- Schnittstellen
- Auswertungen
- Sicherheit und Datenschutz
- Workflow-, Internet- und Intranetfähigkeit

Aufgaben der HR-Software

Heute kann sich niemand mehr vorstellen, wie sich komplexe Unternehmensprozesse ohne Softwareunterstützung steuern lassen. Auch in der Personalarbeit ist dies selbstverständlich. Eine HR-Software unterstützt sowohl den administrativen als auch den wertschöpfenden Bereich der Personalabteilung. Allerdings sollte man zwischen diesen beiden Bereichen differenzieren. Der administrative Teil ist der Bereich, in dem am häufigsten Softwarelösungen eingesetzt werden. Es ist in der heutigen Zeit unvorstellbar, dass Prozesse wie die Gehaltsabrechnung, Arbeitszeitregelungen oder die Personalaktenverwaltung ohne IT-Unterstützung funktionieren. Die Automatisierung administrativer Prozesse und das Verwalten von sogenannten harten Daten, wie zum Beispiel Gehälter, Arbeitszeiten oder die Stellenplanung, war für viele Betriebe der Hauptgrund, HR-Software einzusetzen. Inzwischen steht zunehmend der wertschöpfende Bereich im Fokus der Überlegungen. Immer mehr Unternehmen setzen Softwarelösungen für Kompetenzen, Planungen, Entwicklungsprogramme, Ausbildung oder Recruiting ein. Es geht vielfach darum, eine Kommunikationsplattform zu schaffen. Aber auch hier muss genau überlegt werden, welches die **Hauptaufgaben der Software** sein sollen:

- Die Software ist ein Tool, das den Führungskräften als Führungsinstrument dient.
- Es soll den Mitarbeitern ein produktives Umfeld schaffen.

- Die Arbeit und Entwicklung der Beschäftigten soll erleichtert werden.
- Die Software soll zeitnahe und relevante Informationen liefern.
- Sie soll für den HR-Bereich Freiräume schaffen, um mehr Zeit für Coaching, Strategie und Prozesse zu haben.
- Die Software soll darüber hinaus die Administration erleichtern und Routinearbeiten automatisieren.

Eine weitere Überlegung sollte der Frage nachgehen, welche Gruppen von Mitarbeitern die Software nutzen. Auf der einen Seite haben wir die Mitarbeiter und Führungskräfte und auf der anderen die Experten. Man muss also auch die Systeme danach unterscheiden.

Das **Expertensystem** ermöglicht einem kleinen Kreis von geschulten Mitarbeitern Zugriff auf eine große Anzahl von Möglichkeiten, wesentliche Daten schnell und effizient zu erfassen. Das System wird täglich genutzt und ermöglicht eine effiziente Bedienung und Prozessoptimierung. Der Schulungsaufwand ist hier sehr hoch.

Beim **Mitarbeitersystem** ist es möglich, dass viele, oft ungeschulte Mitarbeiter einen einfachen Zugriff auf ihre Daten haben. Man spricht von einer anlassbezogenen Nutzung. Eine Schulung ist meistens nicht erforderlich.

Die Wahl einer für das jeweilige Unternehmen richtigen Software lässt sich aber so nicht bestimmen. Es kommt immer auf die Ziele an und darauf, welche Daten im Endeffekt verarbeitet werden sollen. Die Entscheidung, welche Lösung bevorzugt wird, muss im nächsten Schritt von den dafür verantwortlichen Mitarbeitern nach den zum Beispiel hier genannten Kriterien vorgenommen werden.

In der heutigen Zeit gibt es viele neue Entwicklungen, über die sich eine Personalabteilung Gedanken machen muss. Es geht um mobile Arbeitsweisen, wie zum Beispiel den Einsatz von Smartphones und Tablets im Arbeitsalltag. Immerhin zeigen Umfragen, dass rund zwei Drittel der Arbeitnehmer und der Personalverantwortlichen Vorteile in den mobilen Arbeitsweisen sehen. Die Arbeit könnte zeitsparender erfolgen, Projekte würden seltener scheitern und es ließe sich eine deutliche Effizienzsteigerung erreichen. Der Einsatz mobiler Arbeitsweisen erhöht darüber hinaus die Attraktivität des Arbeitsplatzes und damit auch des Unternehmens. Allerdings setzt er auch einen weitgehenden Führungs- und Kulturwandel voraus.

Was die Digitalisierung betrifft, bildet der HR-Bereich nach aktuellen Studien immer noch das Schlusslicht. Eine Studie zeigt auf, welche HR-Trends im Zusammenhang mit IT-Lösungen für Mitarbeiter wichtig werden (vgl. AP-Verlag 2017):

- Arbeitsplatz 4.0
  Der klassische Arbeitsplatz mit fest installiertem PC wird mehr und mehr zum Auslaufmodell. Man arbeitet überall (zu Hause, im Zug oder am Flughafen). Möglich wird dies durch intelligente IT-Lösungen in der Cloud. Man hat von überall Zugriff und die Daten stehen auch bereit.

- Hybrid Cloud
  Der Personalbereich arbeitet mit sensiblen Daten. Das Sicherheitsrisiko, eine private Cloud zu benutzen, ist nicht von der Hand zu weisen. Die firmeneigene Cloud ist limitiert. Eine Lösung wäre die Hybrid Cloud. Sie verbindet die Sicherheit der Private Cloud mit der Flexibilität einer Public Cloud. Gleichzeitig minimiert sie das Risiko einer »Schatten-IT«, da Lösungen schnell bereitgestellt werden. Prüfen Sie also, ob es sinnvoll ist, eine Hybrid Cloud in das eigene IT-Gesamtkonzept zu integrieren.

- neue Arbeitszeitmodelle
  Die Arbeitswelt ist flexibel geworden. Man kann heutzutage von überall arbeiten. Themen wie Job-Sharing, Work-Life-Balance oder lebensphasenorientiertes Personalmanagement sind deshalb in aller Munde. Die Mitarbeiter erwarten flexible Modelle, die auf ihre individuellen Bedürfnisse ausgerichtet sind. Angesichts der beschriebenen demografischen Entwicklung und des Fachkräftemangels können neue Modelle zu wichtigen Instrumenten für Unternehmen werden.

- HR-Analytics
  Das Thema »HR-Analytics« spielt eine immer größere Rolle. Leistungskennziffern (KPIs) werden genutzt, um Entwicklungen hinsichtlich wichtiger Fakten, wie zum Beispiel die Abwesenheit von Mitarbeitern, Mitarbeiterproduktivität, aufzuzeigen (siehe Darstellung der entsprechenden Kennzahlen in den vorausgegangenen Kapiteln). Leistungskennziffern dienen der Orientierung bei Personalentscheidungen. Achtung: Bei Nutzung der Daten per E-Mail oder über Social-Media-Plattformen greift der Datenschutz. Hier gibt es noch ungelöste Probleme.

- HR als Strategieabteilung
  Durch die genannten technischen Lösungen und damit der Reduzierung von administrativen Tätigkeiten wird ein Raum geschaffen, der die Personalmitarbeiter zu strategischen Beratern der Geschäftsführung macht. Dadurch kann er diese Rolle ausfüllen, und er kann die Bedeutung der Personalabteilung richtungsweisend darstellen.

Trends in der HR-Software

Das HCM-Branchenmonitor nennt die wichtigsten Trends im Bereich HR-Software bis 2020:

- Vereinfachung der Bedieneroberfläche
- mobile HR-Apps
- Big HR-Data
- Cloud-Computing setzt sich bei HR durch
- soziale Netzwerke zur internen Zusammenarbeit und zum Wissensaustausch
- papierloses Personalbüro durch Digitalisierung
- Datenschutz schränkt HR-Analysen ein
- soziale Netze lösen HR-Systeme ab
- Datenbrillen bei Bewerbungsgesprächen

Anforderungen an den Datenschutz

Die Digitalisierung in Wirtschaft und Gesellschaft schreitet schnell voran. Diese Entwicklung betrifft alle Prozesse und Geschäftsbereiche. Der Personalabteilung kommt damit als unterstützende Funktion eine große Bedeutung zu. Zum einen muss sie die Mitarbeiter auf diesem Weg mitnehmen, denn all das bedeutet eine gravierende Veränderung der Arbeitswelt, und zum anderen ist sie selbst als Abteilung mit ihren eigenen Prozessen betroffen. Sie muss alles auf den Prüfstand der Digitalisierung stellen. Auch die HR-Abteilung muss sich anpassen, wenn im vernetzten Unternehmen Daten transparenter und entscheidungsrelevant werden. In einer Erhebung der Firmen Kienbaum und Bitkom Consult (2016) sagen zwei Drittel der befragten Unternehmen, dass sie eine Digitalisierungsstrategie schon implementiert haben bzw. sich gerade in der Umsetzungsphase befinden.

Ebenso viele Unternehmen verfolgen auch eine eigene aktive **Digitalisierungsstrategie für den Personalbereich**. Es geht nicht nur um die Kompetenzen für die Mitarbeiter, sondern auch um die HR-Prozesse und Instrumente. Die Cloud ist dagegen laut dieser Umfrage noch kein Thema, da die Problematik des Datenschutzes noch nicht gelöst ist. Über 90% der Befragten stimmen zu, dass der digitale Wandel im HR-Bereich zunehmend Anforderungen an den Datenschutz stellt.

Die Studie von Kienbaum/Bitkom (2016) kann darüber hinaus nachweisen, dass aus den Entwicklungen der IT-Technologien heraus ein zunehmendes datenschutzrechtliches Konfliktpotenzial entsteht.

Die Datenschutzgrundverordnung der EU

Am 25. Mai 2018 tritt die neue Datenschutzgrundverordnung der EU endgültig in Kraft. Sie gilt schon seit Mai 2016, aber die Mitgliedstaaten hatten eine zweijährige Übergangsfrist, um die neuen EU-Anforderungen und die nationalen Besonderheiten durch Öffnungsklauseln zu regeln.

Allzu viel wird sich nicht ändern. Sie orientiert sich weitgehend am aktuell geltenden Recht. Die Veränderungen, die dann greifen werden, sind marginal. Aber Unternehmen, die bisher schon Lücken hatten, sollten spätestens jetzt mit der Prüfung beginnen, welche Prozesse und Instrumente im Sinne des Datenschutzes zu überarbeiten sind. Ziel der neuen Regelung ist die Harmonisierung des Datenschutzrechts auf europäischer Ebene. Es soll erreicht werden, dass der Einzelne mehr Kontrolle über seine eigenen Daten hat.

Hier sind fünf Tipps, die ein Personaler in puncto Datenschutz beachten sollte (vgl. Berufsbilder/MHM-HR):

- gemeinsame Haftung
  Im derzeit noch gültigen Bundesdatenschutzgesetz haftet bei einer Auftragsdatenverarbeitung immer der Auftraggeber. Ab Mai 2018 gilt verbindlich eine gemeinsame Haftungsregelung. Danach werden sowohl der Auftraggeber als auch der Dienstleister bei einer datenschutzrechtlichen Verfehlung belangt. In Zukunft gelten hohe Strafen, statt bisher 300.000 Euro künftig bis zu 20.000.000 Euro oder 4% des Vorjahresumsatzes (je nachdem, welcher Betrag höher ist).
- Sonderregelungen durch Öffnungsklauseln
  Das neue BDSG wurde bereits vom Bundestag verabschiedet und erhielt auch die Zustimmung des Bundesrates. In vielen Artikeln sind Öffnungsklauseln verbaut. Sie legen fest, dass die Mitgliedsstaaten bestimmte Vorgaben noch genauer regeln können. Zum Beispiel müssen in Deutschland Unternehmen, in denen mehr als neun Mitarbeiter personenbezogene Daten verarbeiten, einen Datenschutzbeauftragten bestellen. Im neuen Gesetz steht keine Personengrenze.
- Verarbeitung personenbezogener Daten
  Das momentane Gesetz verbietet die Verarbeitung personenbezogener Daten generell, außer der Betroffene stimmt ausdrücklich zu oder es gibt eine gesetzliche Grundlage (z.B. Beschäftigungsverhältnis). Hier darf das Unternehmen die Daten verarbeiten, ohne den Arbeitnehmer zu fragen. Das Gleiche gilt für die Dauer eines Bewerbungsverfahrens.
- Einwilligung zum Datenschutzverzicht
  Im neuen Gesetz wird der Beschäftigtendatenschutz von den Mitgliedsländern per Öffnungsklausel selbst geregelt. In Deutschland bleiben die bisherigen Regelungen weitgehend erhalten. Eine Neuerung besteht darin,

dass bestimmte Sachverhalte jetzt durch Betriebsvereinbarungen geregelt werden können und nicht einzeln erteilt werden müssen.

- Was HR-Abteilungen jetzt tun sollten
  Sie sollten aufgrund der Neuregelung entsprechende Vorkehrungen treffen. Insbesondere das Thema gemeinsame Haftung muss berücksichtigt werden. Wenn zum Beispiel Daten an einen Service-Provider auslagert werden, sollte genau geprüft werden, ob dieser für die Sicherheit garantiert. Daher sollte man Dienstleister nach einem Nachweis für die getroffenen Datenschutzmaßnahmen fragen.

Abschließend noch einige Tipps aus der Zeitschrift *Personalwirtschaft* zum Thema »Schutz vor Cyberattacken«:[8]

- Öffnen Sie keine Datenanhänge von E-Mails, die von einem unbekannten Absender kommen.
- Wird man in einer E-Mail zu ungewöhnlichen Aktionen aufgefordert, sollte man zunächst Rücksprache mit dem Absender halten.
- Ändern Sie Ihre Passwörter regelmäßig!
- Stellen Sie Ihre Passwörter aus einer Kombination von Groß- und Kleinschreibung sowie Zahlen und Sonderzeichen zusammen.
- Bewahren Sie Passwörter für andere unzugänglich auf.
- Beschränken Sie Ihre Passwörter nicht auf leicht erkennbare Namen oder Daten.
- Setzen Sie für Ihre Passwörter einen Passwort-Safe ein.
- Auch wenn es länger dauert: Setzen Sie einen Anti-Keyboard-Logger ein, also eine Software, die verhindert, dass über Tastatur eingegebene Passwörter aufgezeichnet werden.
- Weisen Sie im Betrieb regelmäßig auf die Gefahren für die Datensicherheit und die vorhandenen Schutzmaßnahmen hin.
- Informieren Sie sofort Ihren Datenschutzbeauftragten, wenn etwas Ungewöhnliches geschieht.
- Für Desktops, Laptops und andere mobile Geräte gilt: Deaktivieren Sie sowohl die Kamera als auch das Mikrofon.
- Schließen Sie nur vom Sicherheitsbeauftragten autorisierte Smartphones mit dem USB-Kabel an den Arbeitsplatz-PC oder -Laptop an.
- Nehmen Sie regelmäßig an Sicherheitsschulungen teil.

8 Vgl. *Personalwirtschaft*, Sonderheft HR-Software, 08/2016.

Ausblick: Die künftige Entwicklung der Personalplanung

Das Ziel jeder Planung ist die langfristige Sicherung des Unternehmens. Die heutige Zeit weist sehr viele Unwägbarkeiten auf, die es den Unternehmen schwermachen, sich auf die Zukunft vorzubereiten und diese zu sichern. Die zukünftigen Herausforderungen, die in diversen Umfragen und Studien immer wieder genannt werden, lassen sich in drei Überschriften zusammenzufassen (vgl. Jochmann 2015):

- Digitalisierung
- Demografie
- Diversity

Unter diesen Überschriften verbergen sich viele Aufgaben, die es zu bewältigen gilt.

Unter **Digitalisierung** werden vielfach die Themen

- HR Digital,
- Transformation der Geschäftsmodelle sowie
- Organisations- und Jobfamilien-Kompetenzen

verstanden. Aber auch weitere Herausforderungen, wie zum Beispiel die Prozesslandschaft oder die mobile Arbeitswelt, zählen dazu.

Unter **Demografie** lassen sich vor allem drei Stichwörter subsummieren:

- Arbeitgeberattraktivität
- strategische Personalplanung
- Beschäftigungsfähigkeit

Auch weitere Themen wie Fachkräftemangel oder Qualifizierung älterer Mitarbeiter sind Aufgaben, die es unter dem Stichwort Demografie zu bewältigen gilt.

Unter **Diversity** sieht man stichwortartig die folgenden Herausforderungen:

- Generationen
- Inklusion
- Gender

Diese Überschriften müssen im Zusammenhang mit den anderen Aufgaben gesehen werden. Zusammengefasst spricht man hier von **Megatrends einer Gesellschaft**, die jedes Unternehmen herausfordern, aber auch Aufgaben, die schon heute bewältigt werden müssen.

Diese Trends und Herausforderungen machen deutlich, wie wichtig heute und vor allem in der Zukunft die Personalarbeit ist bzw. werden kann. Die nächsten Jahre werden im Zeichen der Auseinandersetzung um die beste Personalarbeit stehen. Nur wer diese Herausforderungen besteht, kann für die langfristige Sicherung seines Unternehmens garantieren. Und ein entscheidender Faktor ist dabei die Personalplanung, wie sie in diesem Crashkurs beschrieben worden ist. Nur wer die folgenden Fragen beantworten kann, wird dazu in der Lage sein:

- Was bedeutet der Fachkräftemangel für das Unternehmen konkret?
- Welche Funktionen sind besonders betroffen?
- Wie wirken sich die gesetzlichen Rahmenbedingungen und Rentenprogramme auf den Mitarbeiterbestand aus?
- Wie beeinflusst der demografische Wandel die bestehende Personalpolitik?

Diese Fragen und viele weitere müssen sich die Personalverantwortlichen stellen und sie möglichst zügig beantworten. Dafür benötigen sie Konzepte, Ideen und viel Kreativität (vgl. dazu auch Das Demographie Netzwerk 2011).

> Der Personaler muss seine Rolle und sein Selbstverständnis wechseln: vom Verwalter hin zum Gestalter. Nur dann kann er sich diesen Herausforderungen stellen.

Eine strategische Personalplanung kann diesen Rollenwechsel des Personalers unterstützen. Sie bietet den geeigneten Rahmen, um künftige Personalrisiken rechtzeitig zu erkennen, geeignete Maßnahmen zu ergreifen, die Chancen zu erkennen und so die Basis zu schaffen, durch geeignete Instrumente die jeweiligen Aufgaben zu bewältigen. Wenn das gelingt, wird der Personaler in die Rolle des strategischen Partners der Geschäftsleitung schlüpfen und zu einem unentbehrlichen Gesprächspartner für die wichtigen Zukunftsaufgaben werden. Aber bevor es soweit ist, müssen erst die elementaren Hausaufgaben gemacht werden. Dazu gehören die folgenden Fragen:

- Sind in den einzelnen Unternehmensbereichen mehr oder weniger Mitarbeiter als nötig beschäftigt?
- Arbeiten Sie mit Kennzahlen, die Aufschluss geben über den Bedarf an Mitarbeitern?
- Wird die Qualifizierung der Mitarbeiter im Rahmen von Beurteilungs- oder Fördermaßnahmen in die Planung einbezogen?
- Sind die vorhandenen Stellen in einem Stellenplan erfasst?
- Ist in einem Stellenbesetzungsplan festgehalten, welcher Mitarbeiter welche Stelle besetzt?
- Existieren Beschreibungen für jede Stelle?
- Werden Anforderungsprofile bei der Besetzung von Stellen genutzt?

- Werden Leistungen und Fähigkeiten von Mitarbeitern in einem Eignungsprofil festgehalten?
- Liegen Kennzahlen auch zur Personalentwicklung und zur Weiterbildung vor?
- Gibt es Statistiken zum Personalbestand, zur Personalstruktur, zu den Löhnen und Gehältern sowie zu den Arbeitszeiten?
- Gibt es eine flexible Personaleinsatzplanung, um Nachfrageschwankungen auch aus wirtschaftlichen Gesichtspunkten abzufedern?

Das ist nur eine Auswahl von Fragen, die im Zusammenhang mit der Personalplanung stehen. Sie müssen entsprechend der Größenordnung des jeweiligen Unternehmens beantwortet werden. Ob dies manuell oder mit einfacher IT-Unterstützung oder gar mit einem komplexen IT-System gemacht wird, ist nicht von entscheidender Bedeutung. Wie bereits zu Beginn des Buches zitiert:

»Die strategische Personalplanung ist die Mutter aller Schlachten!«

Zum Abschluss des Buches erhalten Sie noch eine wichtige Aufgabe! Es geht um den Entwicklungsstand in der qualitativen Personalplanung.

Viel Spaß dabei!

Sachverhalt:
Es besteht ein Personalüberhang, der abzubauen ist, ohne Kündigungen auszusprechen. Das Personalmanagement sieht die Lösung darin, die Mitarbeiter auf andere Abteilungen im Haus zu verteilen. Man ist sich aber nicht sicher, in welcher Abteilung welcher Mitarbeiter am besten aufgehoben ist. Es gibt keine Anforderungsprofile, keine Leistungsbeurteilungen, kein Kompetenzmodell, keine Stellenbeschreibungen im Haus. Deshalb wird ein Unternehmensberater beauftragt. Er schlägt folgende Vorgehensweise vor:

1. 400 Ziegelsteine in einen sonst leeren Raum bringen
2. Alle Bewerber in diesen Raum führen und Tür schließen
3. Bewerber alleine lassen und nach 6 Stunden wiederkommen

Analyse der Situation:

a. Wenn sie die Steine gezählt haben	> Buchhaltung
b. Wenn sie die Steine mehrfach gezählt und begutachtet haben	> Qualitätskontrolle
c. Wenn die Steine wild im ganzen Raum verteilt sind	> Forschung & Entwicklung
d. Wenn die Steine in einem undurchschaubaren System angeordnet sind	> Planung
e. Wenn sie sich mit den Steinen bewerfen	> Betriebsleitung
f. Wenn sie schlafen	> Werkschutz
g. Wenn sie die Steine in kleine Stücke zerbrochen haben	> IT
h. Wenn sie nur so herumsitzen	> Personalabteilung
i. Wenn sie bereits nach Hause gegangen sind	> Marketing
j. Wenn sie nur aus dem Fenster schauen	> Controlling
k. Wenn sie aufgeregt miteinander reden und kein einziger Stein bewegt worden ist	> Management (Gratulation!)

Abb. 59: Wie ist Ihr Entwicklungsstand in der qualitativen Personalplanung?

Abbildungsverzeichnis

Literaturverzeichnis und Internetquellen

Althauser, Ulrich (2004): *Prozesse des Human-Capital-Managements*. In: Dürndorfer, Martina/Friederichs, Peter: Human Capital Leadership: Wettbewerbsvorteile für den Erfolg von morgen. Hamburg, Murmann, S. 58-75.

AP-Verlag (2017): http://ap-verlag.de/category/trends/trends-2017/

Barthel, E./Schuler, H. (1989): Nutzenkalkulation eignungsdiagnostischer Verfahren am Beispiel eines biographischen Fragebogens. In: *Zeitschrift für Arbeits- und Organisationspsychologie*, Ausgabe 33, S. 73-83.

Bartscher, Thomas/Stöckl, Juliane/Träger, Thomas (2012): Personalmanagement — Grundlagen, Handlungsfelder. Pearson Deutschland GmbH, München, 2012.

Berger, Thomas B. (2012): Zum Personalrisikomanagement und den Risiken aus dem Personalbereich — Eine einführende Übersicht, http://www.strimgroup. com/wp-content/uploads/pdf/Personalrisikomanagement_SRH-FernHS-Riedlingen_2012.pdf

Bröckermann, Reiner (2012): Personalwirtschaft — Lehr- und Übungsbuch für Human Resource Management. 6. Auflage, Schäffer-Poeschel, Stuttgart. S. 39.

Bühner, Rolf (1995): *Die wichtigsten Kennzahlen – Mitarbeiter mit Kennzahlen führen*. In: *Harvard Business Manager*, 17. Jg. (1995), Nr. 3, S. 55-63.

Businesswissen.de (o. J.): https://www.business-wissen.de/kapitel/key-performance-indicators

Capgemini (2007): »Demographische Trends 2007. Analyse und Handlungsempfehlungen zum Demographischen Wandel in deutschen Unternehmen«, Studie von Capgemini Consulting, siehe: file:///C:/Users/Peter%20B%C3%B6ke/Downloads/ Demographische_Trends_2007_Capgemini.pdf

Cometis AG, 100 Personalkennzahlen. Bestellseite: https://www.cometis.de/de/ produkt/100-peronalkennzahlen

Das Demographie Netzwerk (Hrsg.) Berendes, Kai et al. (2011): Strategische Personalplanung — Die Zukunft heute gestalten. Wirtschaftsverlag N.W., Bremerhaven.

Donkor, Charles/Lohmann, Till/Knorr, Ursula (2012): Unternehmenserfolg nachhaltig sichern durch strategische Personalplanung. PricewaterhouseCoopers, https:// www.pwc.de/de/consulting/business-consulting/assets/pwc-studie-unternehmenserfolg_nachhaltig_sichern.pdf

Funke et al. (1987): Trierer Alkoholismusinventar (TAI) — Handanweisung. Verlag für Psychologie, Göttingen/Toronto/Zürich.

Funke, U./Schuler, Heinz/Moser, K. (1995): *Nutzenanalyse zur ökonomischen Evaluation eines Personalauswahlprojektes für Industrieforscher*. In: Gerpott, T. J./ Siemers, S. H. (Hrsg.): Controlling von Personalprogrammen. Stuttgart: Schäffer-Poeschel. S. 139-171.

DGFP (Hrsg.) (2001): Personalcontrolling in der Praxis. Schaeffer-Poeschel, Stuttgart.

DGFP (Hrsg.) (2004): Retentionmanagement — Die richtigen Mitarbeiter binden. Bertelsmann, Bielefeld.

DGFP e.V. (Hrsg.), Armutat, Sascha et al. (2007): Organisation des Personalmanagements — Expertise-Center, Service Center, Key-Account-Personalmanagement. WBV, Bielefeld 2007.

DGFP e.V. (Hrsg.) (2009): Personalcontrolling für die Praxis — Konzept — Kennzahlen — Unternehmensbeispiele. wbv, Bielefeld.

Dürndorfer, Martina/Friederichs, Peter (Hrsg.) (2004): Human Capital Leadership: Wettbewerbsvorteile für den Erfolg von morgen, Murmann Publishers, Hamburg.

Erb, Doris (2011): Planung und Umsetzung von Personalabbaumaßnahmen, http://www.personal-fragen.de/wp-content/uploads/2011/06/Fachaufsatz_Personalabbau.pdf

Gabler Wirtschaftslexikon (2001): Eintrag »Personalplanung«, 15. Aufl., Gabler-Verlag, Wiesbaden.

Gerlach, Dieter/Knorr, Elke M./Wickel-Kirsch, Silke (09/2016): »Grundlagen der Personalplanung«, Vortrag in der Haufe Akademie, München.

Gerlach, Dieter/Knorr, Elke M./Wickel-Kirsch, Silke (05/2012): »Personalplanung — Prozesse, Inhalte, Instrumente«, Vortrag in der Haufe Akademie, München.

Gerlach, Dieter/Knorr, Elke M. (10/2015): »Strategische Personalplanung«, Vortrag in der Quadriga Akademie GmbH im Rahmen des Kompaktstudiums Personalmanagement, Berlin.

Gerlach, Dieter/Knorr, Elke M. (04/2013): »Personalcontrolling/HR-Cockpit«, Vortrag in der Quadriga-Akademie GmbH im Rahmen des Kompaktstudiums Personalmanagement, Berlin.

Geschka, Horst/Schwarz-Geschka, Martina (2012): Einführung in die Szenariotechnik. Geschka & Partner Unternehmensberatung, Darmstadt.

Großheim, Kathrin/Hoffmann, Thomas (2014): Leitfaden strategische Personalplanung für kleine und mittlere Unternehmen. Eschborn, RKW Rationalisierungs- und Innovationszentrum der Deutschen Wirtschaft e.V., https://static4.rkw-kompetenzzentrum.de/fileadmin/media/publications/2014/Fachkraefte/Leitfaden/20140801-Strategische-Personalplanung-fuer-kleine-und-mittlere-Unternehmen.pdf

Hay Group (2000): White Paper zum Thema Job Familien, http://www.haygroup.com/de/

Heyse, Volker/Erpenbeck, John (2004): Kompetenztraining. Informations- und Trainingsprogramme, Schäffer Poeschel, Stuttgart.

HKP-Group (2016): »Nutzung und Ausgestaltung von Funktionsbewertungssystemen« (Studie 2015/2016). In: *Personalmagazin* 09/2016.

Horváth, Péter/Sauter, Ralf/Hope, Jeremy/Fraser, Robert (1999): Beyond Budgeting — Wie sich Manager aus der jährlichen Budgetierungsfalle befreien können. Schäffer-Poeschl, Stuttgart.

Horvath & Partners (Hrsg.) (2004): Beyond Budgeting umsetzen — Erfolgreich planen mit Advanced Budgeting. Schäffer-Poeschl, Stuttgart.

Horx, Matthias (2010): Trend-Definitionen, http://www.horx.com/zukunftsforschung/Docs/02-M-03-Trend-Definitionen.pdf

Hunter, John E./Hunter, Ronda F.: Validity and Utility of Alternative Predictors of Job Performance. In: *Psychological Bulletin* (1984), Vol. 96 No. 1, S. 72-98.

Initiative Neue Qualität der Arbeit (Hrsg.) (2017): Strategische Personalplanung mit Weitblick. Ein Handbuch für kleine und mittlere Unternehmen, Berlin. Bestellmöglichkeit unter: https://www.inqa.de/DE/Angebote/Publikationen/strategische-personalplanung-kmu.html

Initiative Neue Soziale Marktwirtschaft (2016): Wie die Demografie Deutschland verändert, http://www.insm.de/insm/kampagne/rente-muss-gerecht-bleiben/argueliner-10-fakten-zum-demografischen-wandel.html

Jäger, Wolfgang/Meurer, Sebastian (2016): Recruiting-Strategien 2016 — Erfolgreiche Instrumente und Prozesse zur Bewerbersuche, Köln, Wolters Kluwer Deutschland, https://www.personalwirtschaft.de/assets/documents/Recruiting/PW_Studie_06_2016_Recruiting_web.pdf?_cldee=cHJha3Rpa2FudGluQG1pdHRlbbG hlc3Nlbi5vcmc

Janas, Dana/ Meszlery, Katalin: Mitarbeiterkompetenz als unternehmerischer Standortvorteil. In: *Personalwirtschaft* 12/2004, S. 32-34.

Jochmann, Walter/Girbig, Robert (2007): »Personalcontrolling als Unterstützung eines strategischen HR-Managements«. In: Controlling, Heft 4/5, April/Mai 2007.

Jochmann, Walter (2015), Kienbaum-Vortrag »Herausforderungen als entscheidende Chance für die HR-Funktion«.

Jochum, Eduard/Pössnecker, Falk: Potenzialbeurteilung von Nachwuchskräften (Dürr GmbH) und Industrieforschern (Dr.-Ing. h.c.c.F. Porsche AG). In: Selbach, Ralf/Pullig Karl-Klaus. (Hrsg.) (1992): Handbuch Mitarbeiterbeurteilung. Gabler Verlag, Wiesbaden. S. 515-532.

Juris.de (o. J.): Mitwirkung und Mitbestimmung der Arbeitnehmer, vierter Teil, https://www.juris.de/jportal/portal/page/homerl.psml?cmsuri=%2Fjuris%2Fde%2Fkostenfreieinhalte%2Finfokostenfreieinhalte.jsp&fcstate=5&showdoccase=1&doc.part=X&doc.id=BJNR000130972#BJNR000130972BJNG001202308

Kaplan, Robert S./Norton David P. (1997): Balanced Scorecard — Strategien erfolgreich umsetzen. Stuttgart, Schäffer-Poeschel.

Kienbaum/Bitkom (Hrsg.) (2016): Datenschutz im Personalmanagement, https://www.bitkom-consult.de/sites/default/files/Gemeinschaftsstudie_HR_und_Datenschutz_2016.pdf

Kienbaum Consulting (o. J.): »Herausforderungen als entscheidende Chance für die HR-Funktion«, http://assets.kienbaum.com/downloads/3D-Herausforderungen-als-entscheidende-Chance-fuer-die_HR-Funktion-Kienbaum.pdf?mtime=20160808135547

Kobi, Jean-Marcel (1999): Personalrisikomanagement — und seine Bedeutung für die Sparkassen-Finanzgruppe. Gabler Verlag, Wiesbaden.

Kosub, Bernd (2009): DGFP-Controllermeeting. Vortrag vom 9.11.2009 »Die Szenario-Technik als Instrument der strategischen Personalplanung«, München.

Knorr, Elke M. (2008): Schriftlicher Lehrgang: HR-Management, Haufe Akademie, München.

Kreis, Lisa-Marie, et al. (2017): Strategische Personalplanung mit Weitblick — Ein Handbuch für kleine und mittlere Unternehmen. Initiative Neue Qualität der Arbeit, Berlin, https://www.inqa.de/SharedDocs/PDFs/DE/Publikationen/strategische-personalplanung-kmu.pdf?__blob=publicationFile

Laßmann, Nicolai/Rupp, Rudi (2014): Personalplanung — Handlungshilfe für Betriebsräte. Bund-Verlag, Frankfurt am Main.

Lössl, E.: Eignungsdiagnostische Instrumente. In: Gaugler, E./Weber, W. (Hrsg). (1992): Handwörterbuch des Personalwesens HWP. 2. Auflage, Schäffer-Poeschel, Stuttgart. Sp. 756 ff.

Mag, Wolfgang (1986): Einführung in die betriebliche Personalplanung. München, Vahlen.

Mag, Wolfgang (1998): Einführung in die betriebliche Personalplanung. 2. Auflage, München, Vahlen.

Marr, Rainer (10/2007): Vortrag »Human Kapital«, München.

MHM-HR, Berufsbilder, http://www.mhm-hr.com/

Michel, Steffen (2017): HR & die neue EU-Datenschutzgrundverordnung — 5 Tipps für Personaler, 02.06.2017, https://berufebilder.de/neue-datenschutzgrundverordnung-5-personaler/

Miele & Cie. KG, Kumelehn, Sabine/Ruhnau, Katrin (2011).

Müller, Rainer (1986): Krisenmanagement in der Unternehmung: Vorgehen, Maßnahmen und Organisation (Kölner Schriften zur Betriebswirtschaft und Organisation), Verlag Peter Lang.

Odiorne, George S. (1984): Strategic Management of Human Resources — A Portfolio Approach. Jossey-Bass, San Francisco.

o. V. (2017): Fünf HR-Trends 2017 — Der Mitarbeiter am Arbeitsplatz 4.0, 26.01.2017, http://ap-verlag.de/fuenf-hr-trends-2017-der-mitarbeiter-am-arbeits-platz-4-0/30464/

o. V.: Strategische Nachfolgeplanung und Laufbahnplanung, https://www.perwiss. de/strategische-nachfolgeplanung.html

Paul, Christopher (2005): Personalrisikomanagement — Bestandsaufnahme und Perspektive. Hans-Böckler-Stiftung, Düsseldorf, https://www.boeckler.de/ pdf/p_arbp_112.pdf

Personalmagazin, Heft 08/2016: HR Software-Kompendium.

Personalwirtschaft, Sonderheft »HR Software« (2016): https://www.personal-wirtschaft.de/produkte/archiv/magazin/ausgabe-8-special-hr-software-2016/ uebersicht.html und https://www.personalwirtschaft.de/assets/documents/HR-Organisation/pwtsh_soft_be_2016_08_22-24.pdf

Personet (2009), »Kompetenzbasierte Personalentwicklung« (angelehnt an einen gleichnamigen Beitrag in der Fachbroschüre RKW Berlin GmbH), https://www. perso-net.de/rkw/Kompetenzbasierte_Personalentwicklung

PricewaterhouseCoopers AG (2011): Studie »Demografiemanagement 2011« von Till R. Lohmann, Dr. Heiko Lorson und Prof. Dr. Gernold P. Frank, https://www.pwc. de/de/prozessoptimierung/assets/demografiemanagement.pdf

REFA — Verband für Arbeitsgestaltung, Betriebsorganisation und Unternehmens-entwicklung e. V., http://www.refa.de/service/wir/refa-bundesverband

von Rundstedt (2013): »Marktplatz für Karrieren, zukunftsorientiertes Matching von Bedarf und Angebot an Talenten« (White Paper), Düsseldorf.

Sauter, W./Staudt, F.-P. (2016): Strategisches Kompetenzmanagement 2.0. Springer Verlag, Wiesbaden.

Scholz, Christian (1993): Personalmanagement — Informationsorientierte und ver-haltenstheoretische Grundlagen — Vahlens Handbücher der Wirtschafts- und Sozialwissenschaften. 3. Auflage, Verlag Franz Vahlen, München.

Scholz, Christian (2000): Personalmanagement — Informationsorientierte und ver-haltensorientierte Grundlagen, 5. Auflage, Verlag Franz Vahlen, München.

Schuler, H./Funke, U. (1989). Berufseignungsdiagnostik. In: Roth, E./Schuler, H./ Weinert, A. B. (Hrsg.): Organisationspsychologie. Göttingen: Hogrefe. S. 281-320.

Schulte, Christof (1989): Personal-Controlling mit Kennzahlen. Vahlen, München.

Schulte, Christof (2002): Personal-Controlling mit Kennzahlen. 2. völlig überarbei-tete Auflage, München, Vahlen.

Stamm, Hansueli/Schwab Thomas M. (1995): »Metaanalyse — Eine Einführung«. In: *Zeitschrift für Personalforschung*, 9. Jahrgang, (1995), Nr. 1, S. 5-27, hier: S. 15.

Strack et al. (2015): Die halbierte Generation — Die Entwicklung des Arbeitsmarktes und ihre Folgen für das Wirtschaftswachstum in Deutschland, Boston Consulting Group, http://image-src.bcg.com/Images/Die%20Halbierte%20Generation_tcm58-141101.pdf

Studie Personalplanung (2009): *Personalplanung in der Krise. Repräsentative Erhebung über die Personalplanung in mittelständischen Unternehmen in Deutschland.* Durchführung der Studie: Hochschule RheinMain, Wiesbaden; Haufe Akademie GmbH & Co. KG, Freiburg; Rudolf Haufe Verlag GmbH & Co. KG, Freiburg.

Studie Personalplanung (2017): *Personalplanung 2017. Status quo der praktischen Anwendung in Unternehmen aus Deutschland und Österreich (Ergebnisse einer Online-Befragung aus 2017).* Eine Studie der Haufe Akademie in Zusammenarbeit mit Prof. Dr. Jäger und Prof. Dr. Wickel-Kirsch und der Hochschule RheinMain.

Studie der Frankfurt Business Media GmbH, Cornerstone Inc. und Hoyck Management Consultants (Hrsg.) (2016): *HR-Strategie 2020*, Download unter: http://go.cornerstoneondemand.com/HRStrategie2020.html

Weber, Jürgen/Lindner, Stefan (2008): Neugestaltung der Budgetierung mit Better Budgeting und Beyond Budgeting? Eine Bewertung der Konzepte. Wiley-VCH, Weinheim.

Weidemann, Anja/Paschen, Michael (2002): Personalentwicklung: Potenziale ausbauen, Erfolge steigern, Ergebnisse messen. Haufe, Freiburg, 2002. S. 148.

Wikipedia, Eintrag »Demografie«, https://de.wikipedia.org/wiki/Demografie

Wikipedia, Eintrag »Demografischer Wandel in Deutschland«, https://de.wikipedia.org/wiki/Demografischer_Wandel_in_Deutschland

Wimmer, Peter/Neuberger, Oswald. (1998) Personalwesen (2. Band: Personalplanung, Beschäftigungssysteme, Personalkosten, Personalcontrolling). De Gruyter Oldenbourg, S. 75 ff.

Wolff von der Sahl, Julia et al. (2012): Handlungsempfehlung — Laufbahn- und Nachfolgeplanung. Institut der deutschen Wirtschaft Köln e. V., Köln, https://www.kofa.de/fileadmin/Dateiliste/Publikationen/Handlungsempfehlungen/Handlungsempfehlung_Laufbahn-_und_Nachfolgeplanung.pdf

Der Autor

Dieter Gerlach (Bankfachwirt) ist Berater für strategisches Personalmanagement und Experte für Personalcontrolling und Steuerung von Personalkosten mit langjähriger Managementerfahrung bei einem international bedeutsamen Finanzdienstleister. Er ist Fachautor und Referent für die Haufe Akademie.

Stichwortverzeichnis

Exklusiv für Buchkäufer!

Ihre Arbeitshilfen zum Download:

▶ http://mybook.haufe.de/

▶ **Buchcode:** OVO-7247

HAUFE.

Ihr Feedback ist uns wichtig!
Bitte nehmen Sie sich eine Minute Zeit

www.haufe.de/feedback-buch